■ 高等院校**艺术设计与广告专业**系列教材

图形创意
与表现（第2版）

李平平　完利华　杨帆　著

清华大学出版社
北京

内容简介

本书通过简洁的文字阐述、大量的图片案例及相应的赏析注解，对图形创意的特点、分类、构图手法、思维方法、表现形式等多方面内容进行了系统阐释，旨在使学生熟练掌握图形创意的本质与规律，开阔学生的视野，启发学生的创作灵感，为实际创作提供更多的方法与借鉴。

本书主要包括五方面内容：图形创意的相关概述、图形创意的构图与视觉流程、图形创意的构形手法、图形创意的设计思维，以及图形创意的表现形式。

本书结构清晰完整，案例丰富精彩，语言简洁易懂。既可作为高校艺术设计与广告专业的教材，又可作为艺术设计与广告从业者和爱好者进行自我提升时的阅读材料。

图书在版编目 (CIP) 数据

图形创意与表现 / 李平平，完利华，杨帆著 . —2 版 . —北京：清华大学出版社，2021.9（2023.1重印）

高等院校艺术设计与广告专业系列教材

ISBN 978-7-302-54674-0

Ⅰ . ①图… Ⅱ . ①李… ②完… ③杨… Ⅲ . ①图形语言 – 高等学校 – 教材 Ⅳ . ① TP312

中国版本图书馆 CIP 数据核字 (2020) 第 006407 号

责任编辑：陈立静
装帧设计：杨玉兰
责任校对：张文青
责任印制：刘海龙

出版发行：清华大学出版社
网　　址：http://www.tup.com.cn, http://www.wqbook.com
地　　址：北京清华大学学研大厦 A 座　　　邮　编：100084
社总机：010-83470000　　　　　　　　邮　购：010-62786544
投稿与读者服务：010-62776969, c-service@tup.tsinghua.edu.cn
质量反馈：010-62772015, zhiliang@tup.tsinghua.edu.cn
课件下载：http://www.tup.com.cn, 010-62791865
印 装 者：河北华商印刷有限公司
经　　销：全国新华书店
开　　本：190mm×260mm　　　印　张：11.5　　　字　数：203 千字
版　　次：2016 年 7 月第 1 版　　2021 年 9 月第 2 版　　印　次：2023 年 1 月第 4 次印刷
定　　价：59.00 元

产品编号：083990-01

前　言

　　本教材是编者针对当前图形设计教学的现状，结合自身认识和感受以及多年具体教学实践编写而成的。

　　本书通过简洁的文字阐述、大量的图片案例及相应的赏析注解，对图形创意的特点、分类、构图手法、思维方法、表现形式等多方面内容进行了系统阐释，旨在使同学们熟练掌握图形创意的本质与规律，开阔同学们的视野，启发同学们的创作灵感，为设计实践提供更多的方法与借鉴。

　　在案例选取上，我们用心甄选了众多名家名作、近年来国际获奖作品，这些作品的内容贴近同学们的生活，在设计上各有其精妙之处。每组案例均配有详细的赏析文字，可帮助同学们高效解读创作者的设计思路与表现手法。

　　我们进入了中国特色社会主义新时代，同学们出生于脚下的这片热土上，沐浴着党的关爱成长，如今已成为拥有崇高的共产主义理想的好青年，正在为建设有中国特色社会主义美好明天的目标而不断充实自己。为顺应时代和教学需求，我们选取的案例反映了热爱和平与生活、尊重自然与生命、相互关爱等健康向上的理念，充满了正能量。

本教材由李平平、完利华、杨帆合著完成，张春平、王淑惠、王红艳、王淑焕、王焕新、陈化暖参与案例的寻找与案例赏析的编写。

本教材在编写过程中，参考了众多著作，在此向各位相关作者表示诚挚的敬意与感谢。同时，特别鸣谢清华大学出版社对本书出版的支持。

最后，希望本教材能得到老师和同学们的喜爱，并希望大家不吝指正。

作　者

目录

1 图形创意概述

教学目标

1.通过系统讲解图形语言的相关概念及历史演化进程，使学生对图形语言系统建立起初步的认知。

2.分析图形语言的信息传递过程，使学生掌握图形语言中"意象"与"意念"之间的关系，以及"编码"与"解码"的机制。

3.通过图形语言呈现的特征，掌握将图形划分为具象、抽象和意象三种类型的方法，从而了解图形语言的描述性、主观性和哲理性的外化特征；了解图形语言造型的直观性与创意性、内涵的象征性与哲理性，以及传播的游戏性与生动性等特点。

教学关键词

图形语言　意象　意念　编码　解码　具象图形　抽象图形　意象图形

扫码看课件

扫码看短视频

自然只给了我们生命，艺术却使我们成为人。

——席勒

第一节　图形的发展历史

图形的发展与人类社会的发展密不可分。人类社会在语言期与文字期之间，存在着一个图形期。早在原始社会时期，人们就将所见到的客观物象，如牛、羊、马、大象、猛兽等动物用简单的图形表述与记录下来。这一时期的代表有西班牙阿尔塔米拉洞窟壁画、法国拉斯科洞窟壁画等（如图1-1）。

社会的进步使得图形变得更为丰富，这也促使了文字的产生。可以说，图形是早期文字的雏形，如古埃及象形文字（如图1-2）、苏美尔楔形文字（如图1-3）、我国的汉字，都属于象形文字。

随着社会的不断发展，图形也有了更广阔的发展空间，各种图样、标记、符号等被赋予了丰富的含义，如我国古代军事中使用的虎符（如图1-4），各种寓意吉祥的画作（如图1-5）。图形真正实现了传递信息、表述情感的作用。

图1-1　拉斯科洞窟中的壁画

图1-2　古埃及象形文字

图1-3　苏美尔楔形文字

图1-4　虎符

图 1-5 寓意"连年有余"的剪纸

图 1-6 蒙德里安名作《构图》

图 1-7 冈特·兰堡为费舍尔出版社
所做的商业招贴

20 世纪盛行于欧洲的超现实主义绘画,带来了人类图形发展历史中极其重要的观念变革。被高度提炼与加工的图形真正成为了视觉语言的中心出现在画面中,传达信息比文字语言更为生动强烈。此时世界各国涌现出许多现代图形设计大师,如蒙德里安、冈特·兰堡、福田繁雄等(如图 1-6 至图 1-8)。

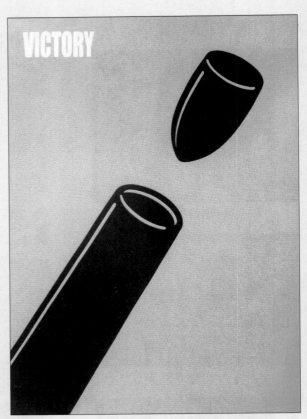

图 1-8 福田繁雄设计的招贴《胜利》

案例赏析:拉斯科洞窟壁画被誉为"史前的卢浮宫",这些珍贵的远古艺术距今约 15000 年。在图 1-1 所示的壁画中,野牛被一支矛刺穿腹部,流出肠子;倒下的人可能已经死了。简单而富有野性美的图形,让人们仿佛穿越到那个为生存而挣扎的时代,堪称一幅壮美的史诗画作!

第二节 图形语言的相关概念

一、图形语言的概念

图形是通过视觉形象传达信息的语言形式，它同语言、文字一样，都是人类传播与交流信息的方式。随着人类社会的发展与历史的变迁，各种图形被人类赋予了各种含义，这种通过图形的艺术形态来表达信息或情感的方式与过程，即为图形语言。

当我们还是懵懂幼儿时，我们就接触了一些简单的图形，如圆形、长方形、三角形等。我们所处的环境赋予了这些简单图形诸多象征与寓意，随着年龄的增长与社会生活的深入，这些象征与寓意逐渐沉淀于我们的脑海中。例如，圆形代表圆满、团圆；长方形象征规矩、平稳；三角形既能起到突出、警示的作用，又能发挥平衡、稳定的作用。以上这些，都属于图形语言的范畴。

图形语言不等同于一般的图形符号。一般的图形符号具体指向某一种事物，是一种直觉的、本能的释读，一般不体现深刻的意味或哲理。而图形语言还包括在特定思想意识支配下的对某一概念信息的图形化表现，其中蕴含了美学与深刻寓意，其造型具有艺术性与创意性（如图1-9至图1-14）。

图1-9 商业招贴《瑞士有机认证》

图 1-11　商业招贴《麦乐送》

案例赏析： 如图 1-9，这组瑞士有机认证蔬菜的商业招贴，突破了展示新鲜蔬菜的传统表现手法，设计师将泥土与蔬菜外形同构，以另类的手法切中广告语"最佳的土壤培育出最佳的蔬菜"。

案例赏析： 如图 1-10，这组 Aggarwal 香料的商业招贴，将香料造型与国旗等意象相结合，切中"在全世界甄选最好的香料"的广告语，画面洋溢着浓郁的异国风情。

案例赏析： 下雨了，是不是不想出去买菜或就餐？如图 1-11，这组麦乐送的商业招贴，将雨天窗外的景色艺术化为印象派画作，极富创意与独特的画面风格。

图 1-10　商业招贴《在全世界甄选最好的香料》

图1-12 商业招贴《释放你心中的那个孩子》

图1-13 商业招贴《让震撼音效包围你》

案例赏析： 如图1-12，这幅 Jeep 越野车的商业招贴，广告语是："成长往往意味着失去童心，但冒险意识、好奇心和想走得更远的欲望永远不应该离开我们。Jeep 始终支持那些超越极限、享受真正自由的人，即使他们越来越老。"配合广告语，设计师将越野车设计为儿童手工的形式。

案例赏析： 如图1-13，这组 Totem 音箱的商业招贴，以极富冲击力与感染力的画面，引导受众想象音箱的超震撼音效，以视觉引发听觉联想。

案例赏析： 如图1-14，这幅 Viande 肉食的商业招贴，另辟蹊径，没有采用新鲜肉类画面展示的惯常做法，而是展示了一只干净可爱的小猪，软萌得让你想咬一口。温暖的配色、妙趣的场景，令人自然联想到良好的饲养环境和健康、安全、细嫩的肉类品质。

图1-14 商业招贴《可爱得想咬一口》

二、意象与意念

意象与意念是一对心理学术语，它们是图形语言中极为重要的元素。意象不是客观的具体形象，它是客观物象经过提炼与加工而创造出来的视觉形象（如图1-15至图1-18）。

意念是图形信息解读过程中较小的信息单元，这些信息单元是大脑对图形直觉的、经验意识的解读结果，是意象语义的直接指向，是具体概念生成过程中的一个中间环节。狭义地概括，意念是解读图形语义的过程中形成的一个又一个信息。

因为图形语言不是客观的具体形象，而是经过思维意象重新组织的创意结构，是多重意象叠合的产物，需要一层一层地去解读，因此意念可以说是图形语义的动态呈现形式。从图形意念到图形语言，有时是直觉的、一步到位的（如图1-19至图1-22）；有时又要依靠联想和推理，逐渐深入地体会其中的含义（如图1-23至图1-26）。

图1-15　商业招贴《让早餐变成一份礼物》

案例赏析： 如图1-15，这组 The Sun 培根的商业招贴，将培根造型与礼物包装缎带的造型同构，由此切中"让早餐变成一份礼物"的卖点，并进一步引发受众对品味培根时那种惊喜、愉快体验的想象。画面简洁醒目，做到了由视觉引发味觉联想。

图1-16　商业招贴《100%纯棉》

图1-18 商业招贴《晚安咖啡》

图1-17 商业招贴《开学季》

案例赏析： 如图1-16，在这组XXXLutz床上用品的商业招贴中，棉花的造型与床单、枕套、抱枕同构，产品绿色天然、柔软舒适的特点跃然纸上，产品质感通过视觉感受瞬间传递到受众脑海中。

案例赏析： 如图1-17，在这组麦当劳的商业招贴中，铅笔、书本、书包与薯条、汉堡包、饮料等麦当劳快餐食品的意象同构，使得该组招贴锁定的受众群——学生立即获得一种亲切感。

案例赏析： 图1-18，在这幅麦当劳咖啡的商业招贴中，我们看到的咖啡杯盖不是原来的具体形象，而是被加工成一张打着哈欠的脸，切中了"不含咖啡因，夜晚品尝也能安然入睡"的卖点。

案例赏析： 如图1-19，这组麦当劳的商业招贴，虽然采用直观展现产品的最常见做法，但将食物与奥运会项目巧妙融合，画面充满了妙趣。

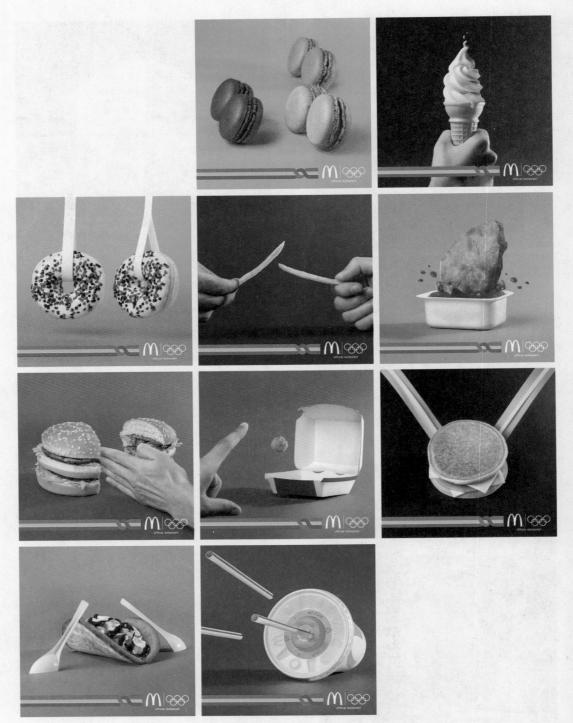

图 1-19 商业招贴《奥运会》

图 1-21 商业招贴《至纯》

图 1-20 公益招贴《窒息》

图 1-22　商业招贴《炫》

案例赏析：

塑料对海洋生物的危害，远远超乎你的想象：塑料漂浮在海面上，遮住阳光，会影响海洋植物的光合作用；容易缠绕住海洋动物的头部或肢体，使之窒息死亡或被困而死；被海洋生物误食后，会使其因难以消化而死亡；微塑料可吸收海洋中的微量元素，从而影响海洋生物链。这一切，到头来都会报复到人类头上。奥地利维也纳医科大学经研究证实，塑料已经进入人类体内。参与研究的志愿者们的粪便中，每 10 克粪便中就含有 20 片微塑料。科学家推测：全世界每人每年会吃下约 7.3 万片微塑料。

如图 1-20，这组海洋守护者协会的公益招贴，将海洋生物因塑料袋套头而垂死挣扎时的凄惨模样，触目惊心地展现于受众眼前，切中了广告语："每使用一个塑料袋，你就可能扼杀一个生命！"我们的这一小小举动，对海洋生物来说是致命的！

案例赏析： 将产品置于满满的水果、燕麦等食材中，以视觉反映产品的纯天然与高纯度，是食品广告的常见做法。如图 1-21，这组 Squeeze 果汁的商业招贴就采用了这一表现手法。画面色调为中明度，使得色彩欢快、醒目、抢眼而不过于跳脱。

案例赏析： 如图 1-22，这组 Lee Jeans 牛仔服装的商业招贴，虽然采用了最常见的模特展现服装的表现手法，但富有韵律感的背景让画面变得时尚、炫酷、动感十足。

图1-23　公益招贴《不要让家庭暴力成为时尚》

图1-24　商业招贴《具有超强破坏力的可爱》

案例赏析：如图 1-24，在这组 Incrivel Dog 宠物学校的商业招贴中，撒欢奔跑的小狗的意象与雪崩、沙暴、台风气旋的意象融为一体，幽默地切中主题："它们的确超级可爱，但你永远不知它们的可爱有多大破坏力。"

图 1-26　公益招贴《曾经的爱，也会模糊》

案例赏析：如图 1-23，在这组反对家庭暴力的公益招贴中，女性脸上和身上的伤痕成了她们的妆容与文身，由此切中"不要让家庭暴力成为时尚"的主题。

案例赏析：如图 1-25，在这组 Freeland 的公益招贴中，设计师超现实地展现了动物头部装饰背后的血腥：在那堵被装饰得很光鲜的墙后，是一条条被扼杀的生命！

案例赏析：患有阿尔茨海默症的老人，记忆会逐渐丧失，到最后，他们会连自己曾经深爱的人都记不得。如图 1-26，在这幅 ALZHEIMER ATHENS 的公益招贴中，老人的亲人被众多便条签（用于在生活中提示老人该物品是什么、有何用处，或某人和自己是什么关系）遮盖住，模拟出马赛克效果，寓意老人逐渐变模糊的记忆。画面色彩以中性色和冷色为主，营造出清冷、失意、孤独的氛围。图形为主型与居中强调型相结合的构图，让人们的视觉集中于老人身上，引发受众对阿尔茨海默症人群的关注。

图 1-25　公益招贴《墙的背后》

图 1-27　商业招贴《请相信我们的交货速度》

三、编码与解码

图形语言的根本目的在于传播信息、表达情感，设计师通过富有美学与寓意的创意设计实现这一目的，这一过程可看作是"编码"；受众看到图形后解读出其中的意蕴，这一过程可看作是"解码"，它最终实现了图形语言的目的与价值。

不管多么有创意的设计，如果无法被受众解读，它都是失败的。设计师在"编码"图形语言时，要充分考虑到发布环境的历史、文化与传统，以及当地人所熟悉的事物（如图 1-27 至图 1-30）。

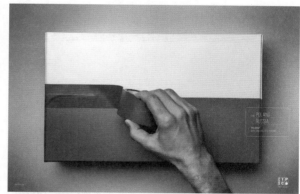

图 1-28　商业招贴《更多服务，更少国界》

案例赏析： 如图 1-27，这组 Sedex 快递的商业招贴，以夸张的手法，突显了该公司的送货速度。较之图 1-28，这组广告容易被更多受众解读。

案例赏析： 如图 1-28，这组 TPC Group 国际物流的商业招贴设计极为巧妙，通过快递胶带的粘贴，丹麦国旗变换为挪威国旗，波兰国旗变换为俄罗斯国旗。如果这组广告投放到对上述国旗不熟悉的地方，收效肯定大受影响。

图 1-29 商业招贴《专为那些不知何时停止的人设计》

案例赏析： 如图 1-29，这组宝马摩托车的商业招贴，以夏娃摘取禁果、潘多拉打开魔盒、巴比伦人修建巴别通天塔等圣经故事或希腊神话故事中的片段来象征"不知何时停止"，由此将受众思维引导到紧急制动辅助系统的技术卖点上。虽然创意极为精彩，但如果发布环境中的受众对圣经故事或希腊神话并不了解，宣传效果就会大打折扣。

案例赏析： 如图 1-30，这组宝马摩托车的商业招贴，表达手法直观高效，画面效果青春、时尚、动感、醒目、刺激。较之图 1-29，这组招贴更容易俘获年轻一族的心。

图 1-30 商业招贴《上车！》

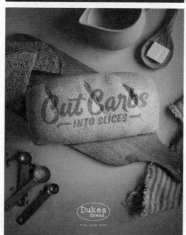

第三节 图形语言的特点

图形作为不可或缺的交流媒介，其独有的视觉特点是语言文字所不能替代或达到的。概括起来，图形语言具有以下几个特点。

一、视觉的直观性与造型的审美性

图形语言依附于一定的视觉造型，这些视觉造型源于现实生活，是对物象的客观描绘和主观改造，这就决定了图形语言具有直观性与审美性的双重特点：首先，它能够通过视觉被大多数人认知，可以直接、强烈地传达信息；其次，人类创作的图形又不完全等同于客观现实中的具体物象，创作者的提炼与改造增强了图形的审美性与艺术性（如图1-31至图1-34）。

案例赏析：直观展现产品本身，是最常见、最高效、最有说服力的表现方法。如图1-31，这组公爵面包的商业招贴就采用了这种表现手法。面包作为画面的视觉集中点，切合了"本身已加入丰富黄油、无需另配黄油、沙拉"的卖点。配色典雅和谐，画面充满了高端感。

图1-31 商业招贴《公爵面包》

图 1-32　商业招贴《天然健康》

案例赏析： 如图 1-32，这组 Nutrifit 水果味麦片的商业招贴，将麦片与相应口味的水果融合在一起，高效传达了天然健康的产品信息。

案例赏析： 如图 1-33，这组绿色和平组织的公益招贴，将吸管插入海洋动物喉咙里的画面触目惊心地展现于受众眼前，超现实的画面警醒人们：我们喝饮料时使用的吸管，会作为塑料垃圾被倾倒入海洋中，我们的一个小小举动，对海洋生物来说却是致命的！

图 1-33　公益招贴《被吸食的生命》

图 1-34　商业招贴《生命本来的样子》

案例赏析： 如图 1-34，这组澳大利亚野生动物园的商业招贴，直观展现了动物们在园中活动的场景，同时又对画面进行了艺术加工，创造了动感、野性、欢快、生机勃勃的视觉效果，令受众感受到生命之美。

二、内涵的寓意性与表现手法的创意性

图形创作者在创作过程中，不仅赋予图形更多美感，还将创作意图、象征、寓意等融入其中。表现手法极具创意性的图形蕴含了丰富的语义，留给观者无尽的哲理启示与想象空间。从这个意义上讲，图形是语言和文字的良好补充，它可以表现出语言和文字表达不出的情感意境，达成"只可意会，不可言传"或"回味无穷"的效果（如图1-35至图1-38）。

图1-36　商业招贴《超大号》

图1-35　商业招贴《让搬家变得超轻松》

案例赏析： 如图1-35，Welti-Furrer搬家公司的商业招贴，以家具、办公用品、宠物等造型的气球，寓意其搬家服务带来的轻松、舒心的客户体验。

案例赏析： 如图1-36，这幅杜蕾斯安全套的商业招贴，以极为简洁而对比强烈的构图，夸张幽默地展现了产品卖点。

案例赏析： 如图1-37，在这组苏黎世联邦理工学院奖学金的宣传招贴中，爱因斯坦成了咖啡馆服务员、快递员、外卖员，寓意勤工俭学，由此引出关于奖学金的广告语："如果因为勤工俭学而影响你的成就，那就太可惜了！"

案例赏析： 如图1-38，这组OTTO绞肉机的商业招贴，以猪、牛、鸡打斗的场面，象征绞肉机的强劲动力，广告语还使用了童话故事结尾时常用的语句："因为20000rpm（最大功率转速）的强劲动力，最后，它们幸福地生活在一起。"以此暗喻搅拌好的肉馅的细腻。

图1-38　商业招贴《最后，它们幸福地生活在一起》

图1-37　商业招贴《别让勤工俭学影响你的成就》

三、传播的功能性与传播过程的生动性

图形语言的目的是表达某种信息或情感，因此它天生具有传播信息的功能性，交通指示、危险场所指示等指示性图形，以及广告海报等，均是这一特性的具体表现。此外，因为图形语言的寓意性和创意性，受众解读创作者的创作意图的过程，充满了探索性、游戏性和互动性，过程极为生动（如图1-39至图1-41）。

图1-40 商业招贴《在蕾丝中发现自我》

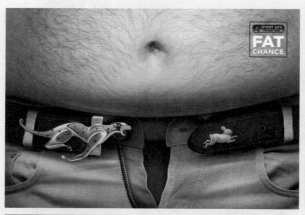

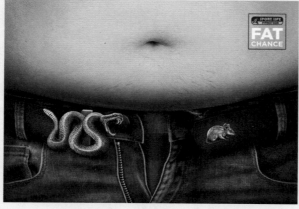

图1-39 商业招贴《快速改变》

图 1-41　商业招贴《知名品牌直播》

案例赏析： 如图 1-39，这组 Sport Life 健身俱乐部的商业招贴，将腰带扣与猎豹捕捉兔子、蟒蛇捕捉老鼠的场景同构，幽默地传达了来此俱乐部健身可迅速减肥的信息。

案例赏析： 如图 1-40，在这组 Kanchuki 蕾丝的商业招贴中，每一幅繁复而优美的蕾丝花纹中，都暗藏着一个窈窕女子的身影。剪影式构图、不经意间的发现，既切合了主题，又增强了画面的探索趣味。

案例赏析： 如图 1-41，这组知名品牌直播的商业招贴，用真实人物代替了星巴克（Starbucks）、桂格（Quaker）、范思哲（Versace）、温迪国际快餐连锁（Wendy's）等知名品牌标志中的绘画人物，既切中了知名品牌直播的主题，又强化了品牌印象。

四、表达的准确性与图形的可读性

在图形传播过程中，受众通过视觉接受到信息，并解读出图形希望传达的内容、思想与情感，这个过程就是我们前文中提到的解码。设计师的"编码"要综合考虑发布环境中的受众的文化背景、生活习惯、习俗观念等因素，创作出表达准确、生动易懂的图形（如图 1-42 至图 1-45）。

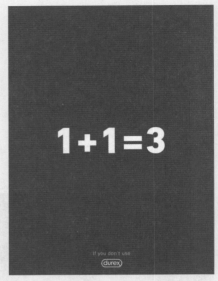

图 1-43　商业招贴《1+1=3》

图 1-42　商业招贴《本土化》

案例赏析： 如图 1-42，这组麦当劳的商业招贴，主题是"本土化"，我们可以看到针对日本市场，设计师在画面中加入了筷子，让汉堡包大小如寿司；而针对俄罗斯市场，则将汉堡包造型与套娃造型同构。

案例赏析： 如图 1-43，这幅杜蕾斯安全套的商业招贴，构思极为巧妙，目标受众应该都能解读出其中的信息。它以极简却极富视觉张力的画面、幽默的表现手法，切中了极富创意的广告语："如果你不使用杜蕾斯，就等着 1+1=3 吧！"

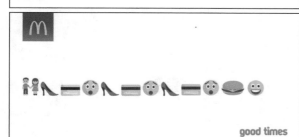

图 1-44　商业招贴《转为正情绪，享受好时光》

图 1-45　公益招贴《找寻你的使命》

案例赏析： 如图 1-44，这组麦当劳的商业招贴，通过表情图形，讲述了一个个由负情绪转为正情绪的小故事。这种表情图形已经成为世界性语言，主流文化中的受众基本上都能解读。

案例赏析： 很多女性拒绝从事传统观念认为女性不适合的工作；反过来，很多工作也因这个原因将女性拒之门外。如图 1-45，在这幅 ACAG 推出的公益招贴中，洗衣机象征传统观念认为适合女性的工作，而洗衣机中的卫星意象象征一切女性可以挑战的工作。无论女性作何选择，能找寻到自己的使命与价值就好。洗衣机与卫星的象征意义，通常可以被主流文化的大众解读出来。

五、使用的广泛性与其他媒介结合的灵活性

图形的运用具有广泛性，已经普遍应用于产品包装、书本杂志、海报招贴、标志设计、媒体广告等众多领域（如图1-46至图1-54）。与发布环境中不同介质的媒介相结合，图形可以收获意想不到的效果（如图1-55至图1-62）。

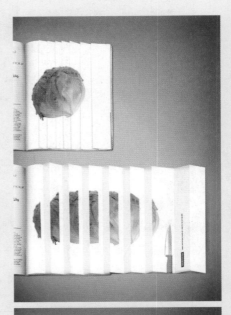

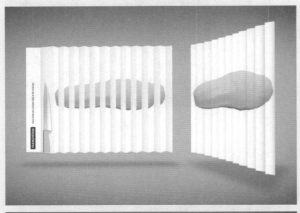

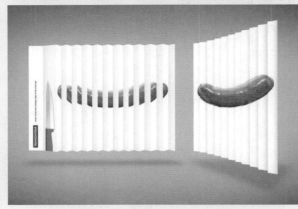

图1-46 Tramontina 刀具杂志广告

案例赏析： 如图1-46，这组 Tramontina 刀具的杂志广告，通过风琴折工艺，展现了刀具完美的切削力。

案例赏析： 如图1-47，这款 Benefit 干湿两用粉饼的包装，将文字为主型的图形构图与留声机唱片的外形相结合，可爱而独特的外观令女性难以抗拒。

图 1-47　Benefit 粉饼包装

图 1-48　图书《参与感》封面

图 1-49　鬼爪功能饮料包装

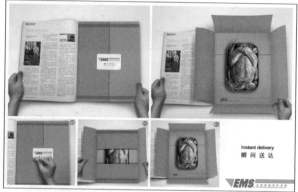

图 1-50　EMS 杂志广告

案例赏析：如图 1-48，这部关于小米科技营销方面的图书，封面设计极为简洁醒目，中部一只长了翅膀的猪，切中小米科技创始人雷军曾说的那句"站在风口上，猪都会飞起来"的热点。

图 1-51　杂志广告《翻过此页，砍伐继续》

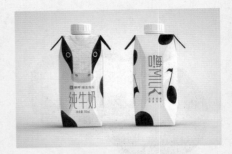

图 1-53　蒙牛"嗨 Milk"纯牛奶包装

图 1-52　Chateau Latour 葡萄酒包装

案例赏析： 如图 1-49，荧光绿色的鬼爪标志搭配简洁的黑色背景，鬼爪功能饮料的这一劲爆醒目的包装设计，迎合了该产品的主体消费群——年轻一族。

案例赏析： 如图 1-50，这组 EMS 的杂志广告，采用了折叠工艺，打开折叠页（外观是快递纸箱）后，会看到点着蜡烛的生日蛋糕、完好的冰淇淋或冒着热气的鸡肉，由此夸张地展现了快捷周到的快递服务。

案例赏析： 如图 1-51，该杂志广告的排版设计极富互动性，巧妙地切中了"翻过此页，砍伐继续"的主题，警醒受众要保护绿色、关注可持续发展。

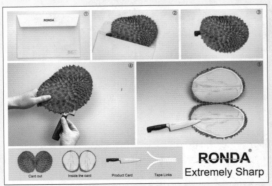

图 1-54　Ronda 刀具包装

图1-56　户外广告《CVV自救热线》

图1-55　户外广告《停车位》

案例赏析：如图1-52，作为世界顶级名酒，Chateau Latour 的包装展现了时光沉淀下来的典雅至简，经典的古堡图形彰显了尊贵品质。

案例赏析：对于日常用品来说，家庭中的女性和孩子是消费的决定力与主力。如图1-53，作为蒙牛旗下的高端常温牛奶，"嗨Milk"纯牛奶的包装被设计成萌萌的乳牛外形，既体现了温和、健康、无公害等产品特点，又萌化了女性和儿童的心。

案例赏析：如图1-54，Ronda刀具的包装外形是一个榴莲或一条鱼，拆开包装取出刀时，"榴莲"或"鱼"就被整齐地剖成两半，由此展现刀具的锋利。

案例赏析：如图1-55，在制作这组Jeep越野车的户外广告时，设计师将停车位置线设置在一些不可能停放汽车的地方，用夸张的手法展现了车的强劲性能。

案例赏析：如图1-56，这组CVV自救热线的公益广告，无论是平面制作还是发布环境，都极为巧妙：街面上的水被设定为湍急的河流，招贴中一个人正在努力营救要坠河的那个人。将被裁剪下来的人合到招贴上去，人的身影就会完全重合，切合了自救的主题。

案例赏析：如图1-58，该电池的室内广告贴在了扶梯的入口处，看上去好像是电池带动了扶梯的运行，由此夸张地展现了电池的强劲电力。

图 1-57 室内广告《他在那儿》

案例赏析：风靡欧美的 AXE 男士香水，其最大特点是含有女性喜欢的味道，可激发出不可抗拒的男性魅力。如图 1-57，这组 AXE 香水的室内广告，利用安全出口、卫生间的人形标识，传达了男士被女士们追得忙着找安全出口逃跑、即使躲到卫生间也无法躲过女性追求的信息，幽默地展现了产品卖点。

案例赏析：如图 1-59，我们真应叹服这组空手道培训班的户外广告的张贴位置设计：发布环境是创意的重要部分，解读信息的多数要素来自画面以外的场景。

案例赏析：广告还可以发布在物品上。如图 1-60，这款公益广告，在啤酒瓶盖上印了一辆汽车，酒被打开后，随着瓶盖的扭曲，汽车也变成了车祸被撞后的形状，由此将酒后驾车的危险直观地展现于受众面前。

案例赏析：如图 1-61，这款公益广告，将卫生纸筒的外形变为树桩，这种图形与发布场景结合的力量极具震撼力。

图 1-58 室内广告《强劲电力》

图 1-60 物品广告《切勿酒驾》

图 1-61 室内广告《节约用纸，
保护树木》

图 1-62 人体广告《FedEx 快递》

图 1-59 户外广告《空手道》

案例赏析：如图 1-62，广告的发布介质还包括人体，
FedEx 快递的广告就是典型案例：在 T 恤上印上快递信封
的图形，看上去就像夹着一份快递一般。人走到哪儿，广
告就被带到哪儿。

第四节 图形语言的分类

根据图形语言的表现手法，我们可将其划分为具象图形、抽象图形和意象图形。

一、具象图形的描述性语言

具象图形是自然界中存在的客观形态经过人类的模仿、概括、提炼而形成的图形形态。

由于人类的视觉习惯于感受具体物象，因此具象图形既具有被快速识别的便捷性，又具有抽象图形不可比拟的视觉亲和力或身临其境感（如图1-63至图1-68）。虽然具象图形具有超强的感官冲击力，但有时过于简单直白，缺少生动性，设计这类图形时应注意充分调动创意元素。

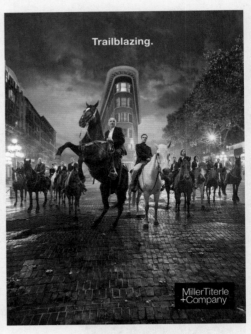

图1-63 商业招贴《领头军》

图1-64 商业招贴《最爱电影之旅》

案例赏析：如图 1-63，在这幅 Miller Titerle 律师事务所的商业招贴中，律师们好像都变成了为保护你而奋战的骑士，业内领头军的品牌形象瞬间树立起来。

案例赏析：如图 1-64，在这组美国卫讯公司推出的"看最爱电影，赢最爱旅行"的活动招贴中，《哈利波特》中的哈利、《天使爱美丽》中的艾米丽、《斯巴达三百勇士》中的列奥尼达引领你游览伦敦、巴黎、雅典，画面极富身临其境感。

案例赏析：如图 1-65，这组汤达人方便面的商业招贴，将真材实料、文火慢炖的场景直观地展现于受众眼前，画面温馨，令人感受到浓汤的醇美和暖暖的"家的味道"。

图 1-65　商业招贴《好面汤决定》

图 1-66　公益招贴《光点赞有什么用》

案例赏析：如图 1-66，这组新加坡救灾组织的公益招贴，将触目惊心的摄影画面和对比讽刺的构图手法相结合，获得了极大成功，摘得 2013 年戛纳广告节平面类金奖。自然灾害、战争、事故等各种天灾人祸每天都在发生，看完新闻报道后机械地、麻木地点个赞而不施以援手，这对于那些苦难中的人们没有任何实际帮助。

案例赏析：如图 1-67，这组火龙战士运动鞋的商业招贴，虽然是具象图形的直观展示，但通过全新角度进行放大化处理，产品得到了最大化展示，画面显得动感、劲爆、活力十足，直击年轻一族的心。

案例赏析：如图 1-68，在这组 FedEx 国际快递的商业招贴中，楼的外墙被绘上世界地图的图案，真实的画面被赋予象征性含义，由此展示了其服务的高效快捷。

图 1-67　商业招贴《巅峰体验》

案例赏析：如图 1-69，这组 Agua Castello 矿泉水的商业招贴，画面不同于寻常矿泉水广告一贯的简洁清新风格。设计师将杯子置于韵律感十足的背景中，一杯矿泉水也能幻化出丰富、动感的视觉效果。整个画面给人劲爽、热烈、欢快的感觉，现代美展露无遗，给受众留下极为深刻的印象，使该品牌的矿泉水从众多同类品中脱颖而出。

案例赏析：如图 1-70，这幅 Capilare 洗发水的商业招贴，通过曲线的重复构成，营造出强烈的节奏感和韵律感，将洗发水带给头发的柔顺飘逸感展露无遗。

图 1-68　商业招贴《马上送达》

图 1-69　商业招贴《这不仅仅是一杯水》

二、抽象图形的主观性语言

抽象图形可分为几何图形、不规则随意图形和怪诞图形。

几何形是一种逻辑性十分严密的图形，简洁明快、一目了然，在图形语言中较多传达理性而强烈的规律感、节奏感和韵律感，一般不传达明确具体的信息。不规则随意图形也没有明确的信息内容，仍然属于抽象意义上的形式美感（如图 1-69 至图 1-71）。

抽象图形通过生理层面的视觉愉悦与刺激，引发审美意识的共鸣。现代主义绘画对抽象艺术的表现在一定程度上脱离了人类对于自然的再现和客观模仿，极大地调动了主观的情感因素（如图 1-72 至图 1-73）。

图 1-70　商业招贴《让秀发舞动起来》

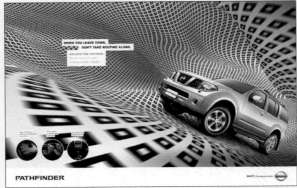

图 1-71 商业招贴《貌似寻常，实则不同凡响》

案例赏析：如图 1-71，这组日产汽车的商业招贴的广告语是："你可以买这样一辆车，即使它是最普通的黑与银。在不同凡响的设计中，嵌入了世界上最强劲的引擎之一。"配合广告语，设计师大面积运用了视幻图形，增强了画面的现代感与艺术性，同时凸显了汽车独特的设计感。

案例赏析：《记忆的永恒》是西班牙画家达利的超现实主义名作。从图形语言的范畴来讲，它属于抽象图形。如图 1-72，这幅雷克萨斯汽车的商业招贴，将原画中的钟表置换为方向盘、仪表盘等汽车零部件。对名作进行再创作这种常用的风格化手法与主题形成了完美的融合。

案例赏析：Quattrro 是奥迪四驱技术的注册商标，一直都是奥迪宣传的重点。图 1-73 所示的这幅 Quattrro 的商业招贴，将奥迪汽车隐藏于埃舍尔（荷兰科学思维版画大师，20 世纪独树一帜的艺术家）的名作中，增强了画面的探索性和趣味性，以此增强受众对 Quattrro 的印象。

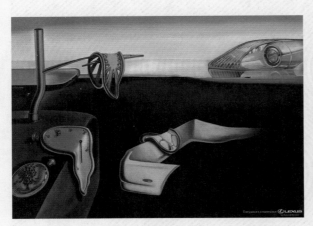

图 1-72 商业招贴《每一个零件都是杰作》

图 1-73 商业招贴《Quattrro》

图 1-74　商业招贴《你不想错过的妙音》

三、意象图形的哲理性语言

意象图形是人类根据主观意念，以客观事物形态为原形，经过再创造而成的图形。它的形态脱离了简单模仿、描述的范畴，以传达某种信息或情感为目的，受众需要通过引申、比喻、联想等方法解读其内在含义。

意象图形是一种高效率的视觉传达图形。它既是清晰准确的视觉符号，更被赋予了含蓄深刻的蕴意。其中，图形的具象部分起引导和指认作用，引导受众调动大脑中储存的相关信息，据此去解读图形的意象部分，使图形的深层含义被解读出来。图形的意象部分是设计师与受众的互动空间，在这里，意念得以交流，信息得以深化。一幅精彩的意象图形不仅能在视觉上带给受众艺术享受，其内在的哲理性成分更能激发受众的情感共鸣（如图 1-74 至图 1-78）。

图 1-75　商业招贴《自然的哺育》

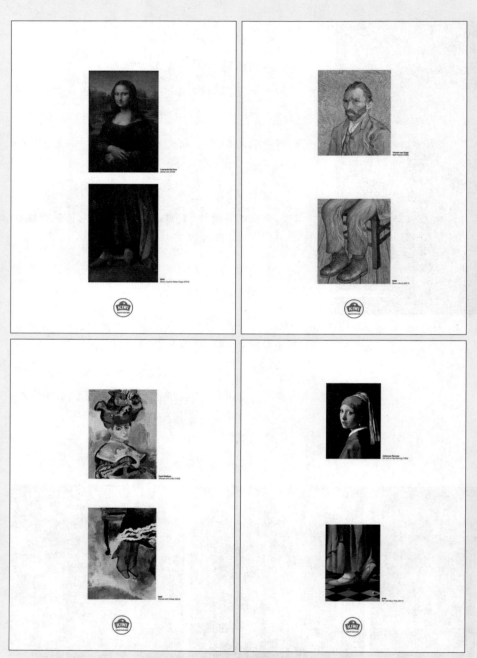

图 1-76 商业招贴《KIWI 的名作》

案例赏析： 如图 1-74，在这幅松下 RF-HXD5W 耳机的商业招贴中，梵高都要粘回自己的耳朵，不想错过它带来的绝妙的音质感受。

图 1-77 商业招贴《超强韧发丝》

案例赏析： 如图 1-75，在这组 Fazer Aito 品牌食品的商业招贴中，动物与人物温暖相依，令人联想到产品的天然性与安全性。

案例赏析： 如图 1-77，这组理肤泉洗发水的商业招贴，采用虚实结合的手法，展现了强韧发丝的产品卖点。

案例赏析：

上半部分，达芬奇的《蒙娜丽莎》（1503 年）；下半部分，KIWI 的《棕色木屐》（2017 年）。

上半部分，梵高的《自画像》；下半部分，KIWI 的《棕色靴子》（2017 年）。

上半部分，马蒂斯的《戴帽子的妇人》；下半部分，KIWI 的《穿靴子的妇人》（2017 年）。

上半部分，维米尔的《戴珍珠耳环的少女》；下半部分，KIWI 的《穿蓝色低跟鞋的少女》（2017 年）。

如图 1-76，这组 KIWI 鞋履护理的商业招贴，对名家名作进行了再创作，拓展得极为精彩。

案例赏析： 如图 1-78，这组 Saludsa 儿童平安险的商业招贴，以超现实的手法切中了"一秒内，什么都可能发生"的广告语。画面色彩清新明快，符合目标受众的审美。

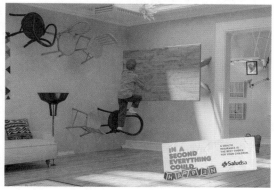

图 1-78 商业招贴《一秒内，什么都可能发生》

实践训练

1. 选择一款大众较为熟悉的品牌或产品（例如食品），设计一组具象图形和一组意象图形，尺寸自定。参考案例如图 1-79 至图 1-81。

2. 采用具象图形和意象图形的表现方式，各设计一组环保公益招贴（例如动物制品买卖、塑料污染、全球变暖等主题），尺寸自定。参考案例如图 1-82 至图 1-83。

图 1-80　商业招贴《我们的菜单就是我们的招牌》

图 1-79　商业招贴《满满的大杯》

案例赏析：如图 1-79，这幅麦当劳咖啡的商业招贴，入围 2016 年戛纳国际创意节·印刷与出版奖。设计师采用意象图形的表现方式，以视觉流动型构图，将卡通狼（代表满满的咖啡）与卡通羊（代表满满的牛奶）组成麦当劳标志的"M"字母，不断强化受众脑海中的品牌印象的同时，切中了"满满的大杯"的产品卖点。

案例赏析：如图 1-80，这组 Hudson Brasserie 餐厅的商业招贴，采用具象图形的表现方式，将烹制得分外诱人的牛排展现于受众眼前，以强烈的视觉冲击诱发味觉联想。

案例赏析：如图 1-81，这幅 Lev Golitsyn 起泡酒的商业招贴，虽然采用直观展现的手法，但选取了特殊的角度，使酒杯与飞机窗巧妙叠合，杯中的美景与窗外的美景由此组合成妙趣的画面。

图 1-81　商业招贴《享受美景》

图1-82　公益招贴《循环再利用》

案例赏析： 如图1-82，这组绿色和平组织的公益招贴，采用具象图形的表现方式，直观展现了动物们使用人类丢弃的塑料垃圾筑巢的场面。我们掠夺自然资源，却向自然无休止地排放塑料垃圾，动物们不得已的"循环再利用"行为，就像一记响亮的耳光，狠狠抽在人类的脸上。

案例赏析：

美国海洋大气管理局（NOAA）公布的最新数据显示，2018年全球平均海平面高度比1993年的平均值高出了81毫米。较高的海平面意味着灾难性的风暴潮，例如飓风或强烈的冬季风暴能在沿岸地区将海浪推高到前所未有的高度；较高的海平面还意味着更频繁的洪水。正如灾难片所表现的那样，全球变暖导致的海平面上升，会是毁灭人类的重大灾难之一。

如图1-83，这组绿色和平组织的公益招贴，采用意象图形的表现方式，通过巨浪与地图的叠加与同构，触目惊心地反映了上述信息。

图 1-83　公益招贴《巨浪滔天》

2 图形创意的构图与视觉流程

教学目标

1.通过系统讲解图形创意的构图法则与视觉流程，使学生了解其概念、意义、基本手法和基本类型等知识。

2.通过对案例的分析，拓展学生的视野。

教学关键词

构图　点　线　面　构图类型　视觉流程

扫码看课件　　　　扫码看短视频

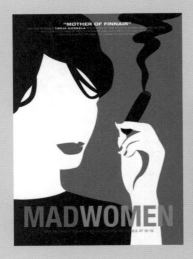

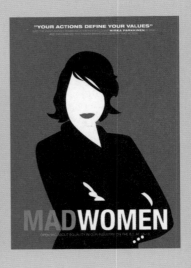

有特征的艺术，才是唯一真实的艺术。

——歌德

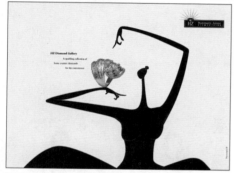

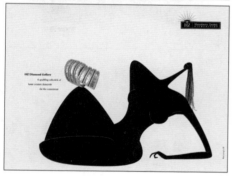

图 2-1　商业招贴《HZ 珠宝画廊》

第一节　构图的概念与意义

　　图形创意的构图，是以引导受众视觉为任务、以美学为原则，对图形中的元素（如色彩、文字、图形等）进行排列组合的过程，目的在于以更美、更恰当的视觉效果来传播信息。

　　良好的构图可以快速吸引受众的视觉，引导其跟随视觉流程发掘图形中蕴含的信息，最终起到互动、留下美好而深刻的印象的作用（如图 2-1 至图 2-4）。

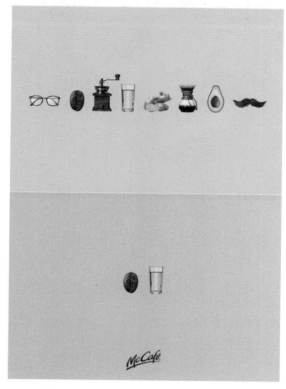

图 2-2　商业招贴《早上，只要咖啡就好》

案例赏析：如图 2-1，这组 HZ 珠宝的商业招贴，简约夸张的创意造型与首饰的写实造型相得益彰，强烈的色彩对比突出了珠宝的华贵感，并增强了画面美感。

案例赏析：如图 2-2，这幅麦当劳咖啡的商业招贴，以对比式构图切中主题："早上，只要咖啡就好。"画面明净而美好。

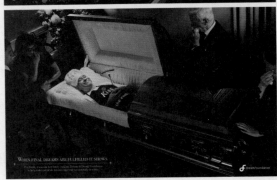

图 2-3 公益招贴《最后的心愿》

案例赏析：梦想基金会（Dream Foundation）是一个非营利性机构，旨在帮助身患绝症的人实现最后的梦想。如图 2-3，在这组该组织的公益招贴中，实现了最后愿望、含笑而终的人所处的部分被设计得色彩缤纷，与之形成对比的是痛哭的亲友所处的部分在色彩上的灰暗，这种对比引发受众对生命的意义、如何面对死亡、如何生活等问题展开无限思考。

案例赏析：如图 2-4，这组 CONTENT FIY 的公益招贴，以中分式构图反映了手机对人们生活的影响以及带来的隔阂：最遥远的距离不是相隔万里，而是我就在你身边，你却视而不见。

图 2-4 公益招贴《只有手机才能相看两不厌》

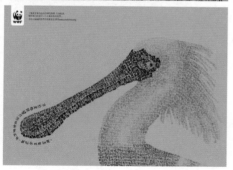

图 2-5 公益招贴《不要让这些动物只存在于文字中》

第二节 构图的基本要素

点、线、面呈现的是一种画面造型结构，具有强烈的形式美感和视觉吸引力。

一、点

点是图形的最基本形态，也是我们最常见的形态之一。在图形创意的构图中，它可以是一个色块，也可以是一个或一组文字。它虽然面积很小，但通过形状、大小、色彩、方向、位置的变化与组合，以及与画面中其他元素的相互烘托，可以产生丰富的视觉效果（如图 2-5 至图 2-13）。

点的密集与分散会给人带来不同的画面感与空间感。不同大小的点，会形成对比。大小一致、重复排列的点会形成富有规律感和机械感的线；而在形状与排列上变化多端的点组成的线，则会赋予画面动感与变化感。

图 2-6 公益招贴《为了北极熊，请记得关灯》

图 2-7　公益招贴《时尚的代价》

图 2-8　商业招贴《2020 年世界表情日》

图 2-9　商业招贴《给你恒动力》

案例赏析：如图 2-5，这组 WWF 公益招贴，通过极为密集的文字点元素，组成雪豹、黑脸琵鹭、矮岩羊等濒危动物的形态，恰当而震撼人心地切中了主题。

案例赏析：如图 2-6，这幅 WWF 公益招贴，以极为简洁的三个点元素构成，其中北极熊的鼻子与嘴巴被置换成灯泡的形态，强烈而形象地切中了主题。

案例赏析：如图 2-7，这组 WWF 公益招贴，通过点式构图直观地告诉受众：你要扼杀多少个生命才能换来身上那件皮草大衣。

案例赏析：如图 2-8，在这组麦当劳 2020 年世界表情日的宣传招贴中，无数表情图形就是"点"，它们组成了麦当劳快餐图形的"面"。

案例赏析：如图 2-9，这组巧克力牛奶的商业招贴，将牛奶、运动员、拳击沙包等卡通化点元素，组合成恒动摆球的造型，以幽默可爱的画风切中主题。

案例赏析：如图 2-10，这组 3M 防污喷雾的商业招贴，将器皿碎片碎化成无数个点，以夸张的手法展现了超强防污的产品卖点。

图 2-10　商业招贴《滴污不沾》

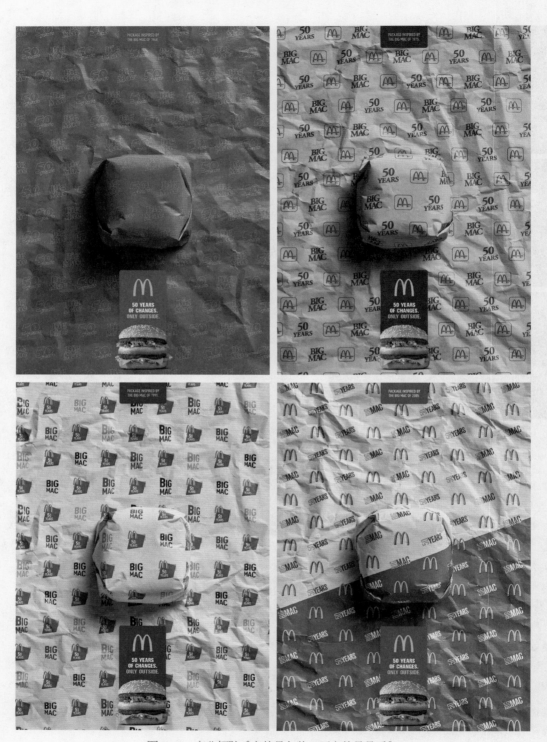

图 2-11 商业招贴《变的是包装，不变的是品质》

图 2-12　商业招贴《特别的礼物》

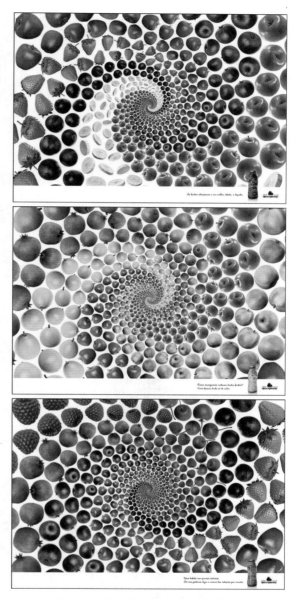

图 2-13　商业招贴《混合水果味果汁》

案例赏析：如图 2-11，这组麦当劳巨无霸的商业招贴，包装纸上规律性出现的标志与产品名就是"重复的点"，它们强化了品牌与产品在受众脑海中的印象。

案例赏析：如图 2-12，这组 Baileys 甜酒的商业招贴，堆满屏的玫瑰和泰迪熊就是"密集的点"，营造出热闹欢快的氛围，并由此组成了色彩统一的面，从色彩上对比突出了产品。通过不同角度的摆放，玫瑰和泰迪熊又成为"大小不同的点"，避免了单调重复。整个设计热烈而无杂乱感，重复而无机械感。

案例赏析：如图 2-13，在这组 Queensberry 果汁的商业招贴中，水果作为"点"，构成了富于变化的"线"，创造出绚丽、欢快、丰富的画面效果。

二、线

线在构图中起着表示方向、长短、重量、条理、分割、刚柔的作用。线化图形具有强烈的节奏美感和独特的感情色彩（如图2-14至图2-19）。

不同的线形给人的感觉也会有所不同。平行线能营造平衡、宁静的感觉；水平线使画面显得开阔、稳定；对角线具有不稳定因素，看起来颇具动感；垂直线能增强画面的坚实感；曲线则拥有柔和、优雅的美感；螺旋线能产生独特的导向作用。

图2-15 商业招贴《释放》

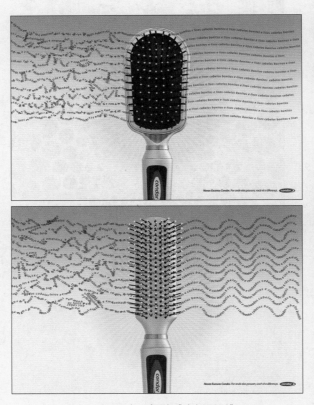

图2-14 商业招贴《太好用了》

图 2-16　商业招贴《极致研磨力》

案例赏析： 如图 2-14，这组 Condor 卷发发梳的商业招贴，采用线性构图与左右对比式构图相结合的构图手法，左边为卷发在日常打理中遇到的种种问题，右边是使用该发梳后的好评。两边文字构成的"线"，为画面增添了动感与韵律感。

案例赏析： 如图 2-15，在这组哈雷机车的商业招贴中，道路就是"线"，散射型构图令画面充满了狂野不羁、尽情释放的感觉。

案例赏析： 如图 2-16，这组 Khaitan 研磨机的商业招贴，采用了虚实结合的表现手法，象征蔬果的彩线夸张地展现了超强研磨的产品卖点。

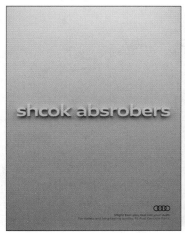 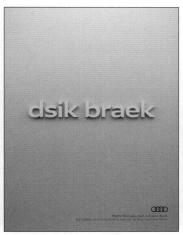 

图 2-17　商业招贴《原装保证》

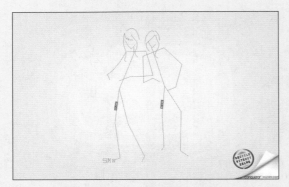

图 2-18　商业招贴《极致显瘦》

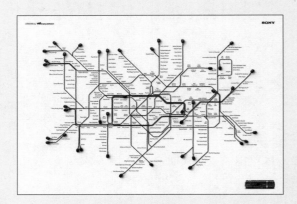

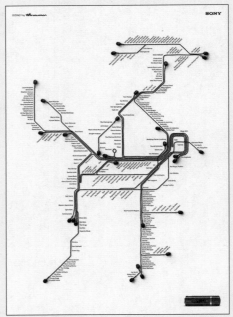

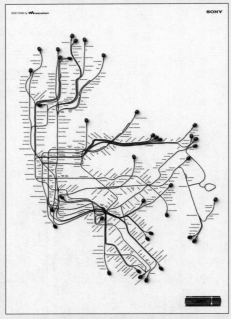

图 2-19　商业招贴《随心听》

案例赏析： 如图 2-17，这组奥迪汽车原装零部件服务的商业招贴，构图与色彩极为简洁：居中出现的零部件的英文单词就是画面中的"水平线"，给人真实、稳定、可信的感觉；色彩搭配营造出金属感与科技感。

案例赏析： 如图 2-18，这幅李维斯牛仔裤的商业招贴，以极为简洁的直线替代了人物与牛仔裤的具象图形，夸张地突出了极致显瘦的产品卖点，给受众留下丰富的想象空间。

案例赏析： 如图 2-19，这组索尼随身听的商业招贴，荣获 2009 年戛纳国际创意节银奖等多项大奖。它通过耳机线构成了纽约、伦敦、悉尼的地铁路线图，画面风格简洁时尚。

三、面

较之点与线，面的视觉表现力更为强烈。一般的图形都是点、线、面的集合（如图 2-20 至图 2-25）。

面的形状同样会给人不同的感受：正方形具有平衡感；三角形具有稳定性、均衡感；规则的面具有简洁、明了、安定的感觉；自由面具有柔软、轻松、生动的感觉。

图 2-20　商业招贴《为你定制》

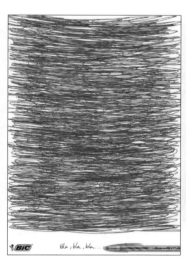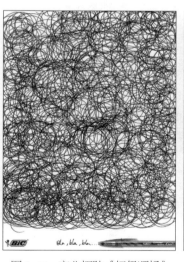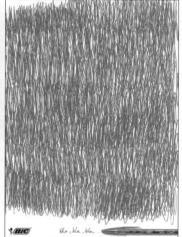

图 2-21　商业招贴《超级顺畅》

图 2-22 公益招贴《上升的血泊》

图 2-23 商业招贴《助你尽快结束工作》

案例赏析：如图 2-20，这组李维斯牛仔的商业招贴，用牛仔布拼贴出人物形象，以一种青春、时尚的方式突出了品牌个性。

案例赏析：如图 2-21，这组 BIC 水笔的商业招贴，以线组成面，用水笔画出了大面积笔迹，突出强调了书写流畅、容量大的卖点。

案例赏析：如图 2-22，在这组 WWF 公益招贴中，由于全球变暖，造成海平面上升，动物们在不断上升的血泊中垂死挣扎，大面积的血红色触目惊心。

案例赏析：如图 2-23，这组 Lazy Coffee 咖啡的商业招贴，写满字的纸张就是"面"。众多枯燥模糊的单色面，突出了咖啡产品的这个彩色面的灵动。

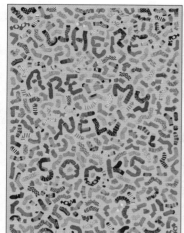
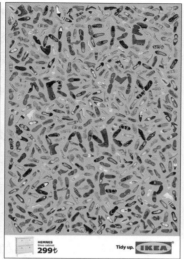

图 2-24 商业招贴《超强收纳》

案例赏析：如图 2-24，这组宜家收纳柜的商业招贴，以点组成面，将大面积的"凌乱"与小面积的"整洁"进行对比，并以鲜明的背景色统筹"凌乱"，直观生动地植入了收纳柜体积小、收纳强的卖点，又做到了画面效果满而不乱。

案例赏析：如图 2-25，这组 Airtel 网络公司的商业招贴，用动物捕猎的场景寓意网速快。荒原、草原、海洋的背景就是大面积的"面"，画面充满了广阔、野性的质感。

图 2-25 商业招贴《非洲最快的网络》

第三节　构图的基本类型与视觉流程

人的视野因受到客观限制，所以不能在同一时间接收到所有事物的图像信息，必须按照一定的流动顺序来逐步感知视觉所及范围内的事物。这个流动过程，被称为"视觉流程"。

所谓"视觉流程"，是指画面设计对于受众的视觉引导。设计师根据人的视觉习惯与心理，在画面中通过对图形、色彩、版式、文字等元素的安排与组合，规划视觉流程：先看哪里，再看哪里，重点看哪里，次要看哪里……

通过视觉流程的规划，受众可以逐步解读出设计师希望传达的信息，并产生联想互动、情感共鸣，形成主观印象。这个过程，被称为"视觉流程设计"。

根据不同的视觉流程设计，图形创意的构图类型大致可分为以下十余种。在设计实践中，要注意根据自己的设计意图，选择适合的构图类型。

一、标准整体型

这种构图一般采用图文结合的形式，图形会吸引受众视觉，文字起到补充作用。这种构图法符合人们的视觉流程及认知过程，能带来熟悉感和安定感，但视觉冲击力较弱，容易缺乏形式感与情绪感，需要在整体设计中做变化处理（如图2-26至图2-29）。

图2-26　商业招贴《换工作就是换老板》

图2-27　商业招贴《更多休闲时间》

图 2-28　商业招贴《设计创造享受》

图 2-29　商业招贴《好故事伴你入梦》

案例赏析： 如图 2-26，这组 Boss 直聘的商业招贴，无论是图形还是文案都极为精彩，构图做到了图文相辅相成。

案例赏析： 如图 2-27，这幅 Blick-am-Abend App 的商业招贴，将手机与啤酒杯的意象同构，以此切中"让你的手机更智能，带给你更多休闲时间"的卖点。图形与文字信息搭配得极为完美。

案例赏析： 如图 2-28，这组宝马汽车的商业招贴，采用直观展示汽车具象图形加文案的方式，受众的视线首先会集中在汽车上，然后自然转向文字。画面布局符合受众的视觉信息接收习惯，给人沉稳、可信、踏实的感觉。

案例赏析： 如图 2-29，在这组纪伊国屋书店的商业招贴中，莎士比亚为你盖好被子，简·奥斯汀为你拉上窗帘，狄更斯为你关上灯。标准整体型构图，营造出宁静、温暖的画面效果。左下方的图书封面与广告语，起到了画龙点睛的作用。

二、图片为主型

这种构图采用一张图片占据整个或绝大部分画面的形式（如图 2-30 至图 2-33），具有直观、视觉冲击力强的特点。图形是受众视觉首先和主要关注的部分。

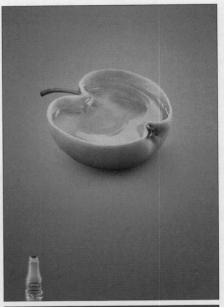

图 2-30　公益招贴《高跟鞋》

案例赏析：如图 2-30，这幅国际特赦组织的公益招贴，画面中除了该组织的标志外，无任何文字。但那双稚嫩的腿，以及踩着高跟鞋的小脚丫，无声地控诉了强迫儿童进行性买卖的罪行。

案例赏析：如图 2-31，这组 Chumak 苹果汁与番茄酱的商业招贴，画面没有一个文字，创意图片引发受众的味觉联想，仿佛亲身体验到那股浓郁与芬芳。

案例赏析：如图 2-32，这组麦乐送的商业招贴，既没有展示食物的诱人，也没有展示外卖服务的快捷，更没有一句广告语，而是展示了一尘不染的厨房的画面，受众自然会做发散联想：不用做饭了，更不用刷碗和收拾厨房了，终于从烦人的家务中解脱了……

案例赏析：如图 2-33，这组宠物天堂的商业招贴，将宠物狗享受水疗时的快乐模样占满整个画面，以最为直观的方式赢得受众的心。

图 2-31　商业招贴《尽在浓郁中》

图 2-33　商业招贴《狗狗最爱的水疗》

图 2-32　商业招贴《让你的厨房保持清洁》

三、文字为主型

这种构图采用文字占据整个或绝大部分画面的形式（如图2-34至图2-36），具有风格感强、信息量大的特点。文字可以被视为文字化的图片，是受众视觉首先和主要关注的部分。

图2-34 商业招贴《完美搭配》

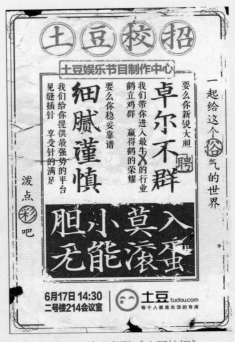

图2-36 商业招贴《土豆校招》

案例赏析：如图2-34，这幅麦当劳汉堡的商业招贴，广告语是"当你点沙拉时，肯定想搭配它"。鲜明的红色背景为最底层，居中的超大汉堡包为第二层，醒目的白色文字为最上层，创造了对比强烈、层次分明而又和谐统一的画面效果。

案例赏析：如图2-35，这组Danette巧克力冰淇淋的商业招贴，将简洁的字体设为产品的标志色，既创造了清新时尚的画面效果，又加深了受众对产品的印象。

案例赏析：图2-36，这幅土豆网的招聘招贴，将老海报风格与精彩的文案相结合，画面效果卓尔不群。

图2-35 商业招贴《Danette冰淇淋》

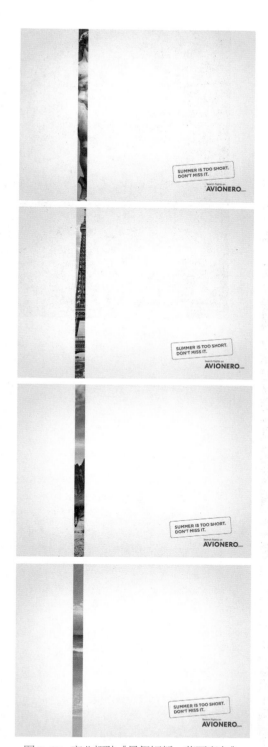

图 2-37　商业招贴《暑假短暂，莫要辜负》

四、分割对比型

这种构图法，通常将画面分割为比例悬殊的两部分，意在通过面积、色彩、明暗、虚实、内容等手段，形成对比效果（如图2-37至图2-38）。受众视觉会集中于被突出强调的部分。

图 2-38　商业招贴《蓝色塑料》

案例赏析： 如图 2-37，这组 Avionero 订票网站的商业招贴，以面积比例悬殊的构图切中"暑假短暂，莫要辜负"的主题，进一步引出"赶紧到 Avionero.com 订票"的信息。

案例赏析： 如图 2-38，这幅关于海洋污染的公益招贴，入围 2016 年德国 Mut zur Wut 国际海报设计竞赛 30 强。创作者将海洋置换为蓝色塑料，并通过面积对比，使受众视觉集中于海洋的部分，由此警醒受众关注海洋污染问题。

五、中分对比型

这种构图法，通常将画面平均分为两部分，通过色彩、明暗、虚实、内容等手段，形成对比效果（如图 2-39 至图 2-42）。受众视觉会在两部分之间往返停留。

图 2-40　公益招贴《喷烟吐雾中的容貌》

图 2-39　公益招贴《动物不是玩具》

案例赏析： 如图 2-39，这组国家保护动物论坛（National Forum for the Defense and Protection of Animals）推出的反对监禁动物、反对强迫动物表演的公益招贴，以虚实对比的手法警醒受众：动物不是用来取悦人类的玩物。左右两边图形在色彩明暗上的对比，也暗喻了人类的残忍与疯狂，以及动物所饱受的痛苦。

案例赏析： 如图 2-40，这幅禁烟的公益招贴，采用一整张图中分对比的形式，直观而深刻地表明了吸烟带来的危害。

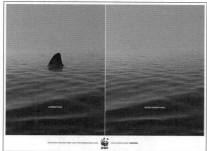

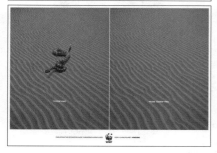

图 2-41 公益公贴《它们正在消失》

案例赏析： 如图 2-41，这组 WWF 公益招贴，荣获 2010 年戛纳国际创意节·户外银奖、2010 年国际金鼓广告奖银奖、2010 年 EPICA 印刷·银奖等多项国际广告大奖。它以有无对比的手法，引发受众对濒危动物的关注。

案例赏析： 如图 2-42，这组 F 团团购网的商业招贴，采用好坏对比的手法，切中了"更少花费，更高品质"的主题。

图 2-42 商业招贴《更少花费，更高品质》

六、均匀对称型

这种构图法将画面划分为均匀对称的两部分，给人以和谐、稳定、安宁的感觉（如图2-43至图2-46）。受众视觉会在两部分之间往返停留。

图2-43 商业招贴《呼啸的蛋蛋》

案例赏析：如图2-43，这幅雅马哈摩托车的商业招贴，通过夸张的视觉造型与幽默的表现手法，突破了均匀对称构图法所营造的安定感，画面显得狂野不羁。

案例赏析：如图2-44，这组印度蜜月旅行套餐的商业招贴，通过印度新娘手部彩绘的造型，巧妙地切合了蜜月旅行的主题，又令人联想到印度那瑰丽神秘的异国风情。

案例赏析：如图2-45，这幅中国银行长城环球通借记卡的商业招贴，将象征中国的熊猫与象征澳大利亚的袋鼠对称摆放，画面温馨、和谐、可爱。

案例赏析：图2-46，这组Prestige Jindal City房地产项目的商业招贴，采用均匀对称构图法，将"地铁与健身房""家与学校""家与医院""家与购物中心"连接在一起，"马上就到"的感觉直击人心，而画面又是那么温馨、宁静、美好。

图2-44 商业招贴《蜜月旅行》

2-45　商业招贴《一卡双币》

图 2-46　商业招贴《马上就到》

七、居中强调型

这种构图将被强调的图形或文字居于画面中心部位，并简化背景，使受众视线在第一时间聚焦于此（如图 2-47 至图 2-49）。采用该构图法时，背景务必要简洁，否则会弱化视觉突出感，使画面显得平庸、杂乱、无重点、无吸引力。

图 2-47　公益招贴《摇摇欲倒的生态平衡》

图 2-48　公益招贴《空空如也》

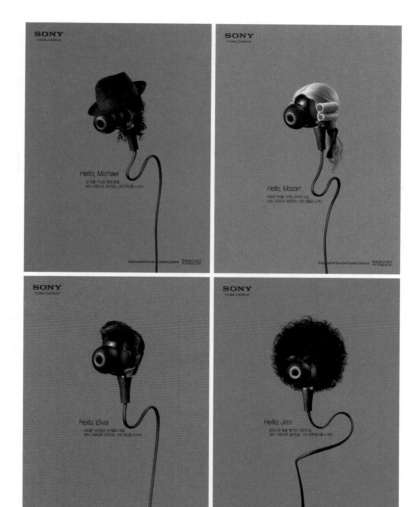

图 2-49　商业招贴《你好，我的偶像》

案例赏析：如图 2-47，这幅 Ecovia 的公益招贴，以居中的创意图形搭配简洁的背景，极富警示感。

案例赏析：Le Garde-Manger Pour Tous 是一个致力于提高贫困儿童营养健康情况的公益组织。如图 2-48，在这组该组织的公益招贴中，放在腹部的空盘子象征空空的肚子，居中的人物形象搭配极简的背景，引发受众视觉的高度集中，切合了关注儿童饥饿问题的主题。

案例赏析：如图 2-49，这组索尼耳机的商业招贴，将耳机与迈克尔·杰克逊、莫扎特、猫王、吉米·亨德里克斯等音乐家或巨星的意象同构。简洁鲜明的背景，搭配居中强调型构图，既使受众的目光集中于耳机上，又使得画面动感鲜活。

八、散点放射型

这种构图一般是由一点向四周或某一方向做发散状，这样做既可统一视觉中心，又能制造热烈、欢快、纷繁、动感的画面效果（如图2-50至图2-52）。但如果没有掌握好画面的统一与平衡，容易显得杂乱无章。受众视觉一般首先集中于中心点，然后做发散运动。

案例赏析： 如图2-50，这组梦龙雪糕的商业招贴，通过发散性构图，展现了食料的丰富和美味，画面热烈、欢快、视觉冲击力强。

案例赏析： 如图2-52，这组闲置物交易网站的商业招贴，通过发散性构图，展现了信息的传播与交流。

图2-50　商业招贴《喷发的美味》

案例赏析：Bigbang 是可口可乐推出的功能饮料，其卖点是"黑咖啡与可乐的融合"。如图 2-51 所示的该饮料的商业招贴，主题是"融合"。被打破的咖啡杯与可乐瓶的碎片，切中了产品卖点与主题，配合完美的色彩搭配，创造出动感十足、极富张力的散点放射型画面；而人物图形起到了收聚点的作用，使视觉效果散而不乱。

图 2-51　商业招贴《融合》

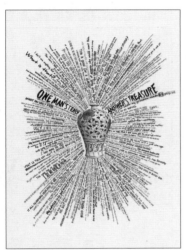

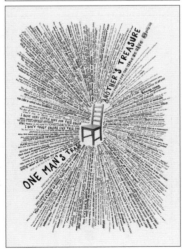

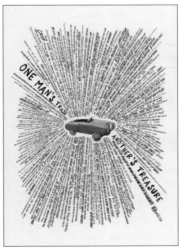

图 2-52　商业招贴《你的闲置物，没准就是他的宝物》

九、突出重点型

这种构图主要通过色彩、内容等手段的对比，在画面中突出重点部分（如图2-53至图2-55）。居中强调型构图主要是在简洁的背景中突出画面的中心部分，而突出重点型构图大多是在复杂的画面中突出某一部位。

图2-53 商业招贴《属于你的秘密花园》

图2-54 商业招贴《珍贵的"真"》

案例赏析：如图2-53，这组 Jeep 越野车的商业招贴，采用虚实对比的手法，通过铅笔画背景突出实体车，巧妙切中了广告语："当你拥有一辆 Jeep 越野车时，这世上就不存在什么秘密花园了。"

案例赏析：CIRCLE 是埃及的一家多品牌商店，拥有许多全球品牌的特许经营权，其服务卖点是为客户提供一站式服务，并承诺100% 正品。如图2-54，这组该商店的商业招贴，画面简洁、色彩醒目。象征"假货"的玩偶就是重复性的"点"，它们反衬了象征"真货"的动物实体，从内容与大小上进行了对比与突出，由此切中广告语："在这个充满'假'的世界，我们提供'真'。"

图2-55 商业招贴《属于你自己的能量》

案例赏析：图2-55，这组鬼爪功能饮料的商业招贴，通过色彩对比起到了突出作用，切中了广告语：你或许无法成为名人，但你有属于自己的能量。

十、韵律重复型

这种构图主要通过图形的不断重复而形成。一方面，它具有独特而强烈的画面风格，容易吸引受众目光；另一方面，它也因为单调重复而使画面容易显得枯燥乏味，令受众产生视觉疲劳，因此采用这种构图时，要注意融入一些画龙点睛的元素（如图 2-56 至图 2-58）。受众视觉一般做流动性运动或找寻性运动，亦或是集中于画龙点睛处。

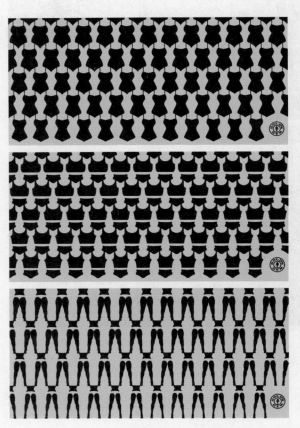

图 2-56　商业招贴《过程，你看得见》

图 2-57　商业招贴《色彩活了》

案例赏析：如图 2-56，这组 GYM 健身俱乐部的商业招贴，看似是相同图形的不断重复，但仔细观察就会发现，这是一个循序渐进的瘦身过程。这种视觉创意令来此俱乐部健身的过程与结果显得更为直观而健康。

案例赏析：如图 2-57，这组索尼液晶电视的商业招贴，通过韵律重复型构图，形成视幻效果，直观生动地传达了产品卖点。

案例赏析：如图 2-58，这组 Nest 监控摄像头的商业招贴，在众多相同图形中隐藏了一个不同图形，既彰显了摄像头的精尖品质，又引发了受众的互动。

图 2-58 商业招贴《找找有何不同》

十一、流动指示型

这种构图主要是引导受众视线沿着某一方向解读图形，从而传达出图形蕴含的意义（如图 2-59 至图 2-63）。采用该构图法，可使画面显得生动有趣、互动性强，但要注意保持引导方向的一致，不然会使画面显得杂乱、无重点。

图 2-59　商业招贴《安全的食材来源，顾客均可查询到》

图 2-60　商业招贴《轻轻一滚，倦容全消》

图 2-61　商业招贴《随时订票，任意看世界》

案例赏析： 如图2-59，这组麦当劳的商业招贴，采用纵向流动指示型构图，将食材供应链直观展示于受众眼前，由此切中"安全的食材来源，顾客均可查询到"的主题。

图 2-63　商业招贴《玫瑰红外线》

案例赏析： 如图2-60，这组卡尼尔眼部滚珠的商业招贴，采用横向流动指示型构图，展现了工作状态与约会状态的滚动切换，由此切中"轻轻一滚，倦容全消"的产品卖点。

案例赏析： 如图2-61，这组 Tiket.com 订票网站的商业招贴，采用了由近及远的纵深流动指示型构图，画面极富身临其境感，使受众瞬间产生从繁重的工作或家务中逃离出来的轻松感，以及投入到度假中的畅快感。

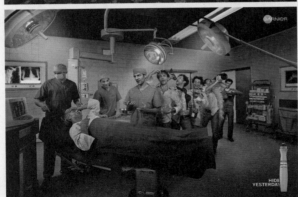

案例赏析： 如图2-62，这组卡尼尔眼部走珠的商业招贴，采用了由远及近的纵深流动指示型构图，以幽默的表达方式，切中了"轻轻一抹，瞬间掩藏昨夜的疯狂，令你神采奕奕"的卖点。

案例赏析： 如图2-63，这幅 Airwick 空气清新剂的商业招贴，采用变向流动指示型构图，将玫瑰的物象幻化成红外线，从视觉上就令人联想到那股隐约而又沁人心脾的芬芳感。

图 2-62　商业招贴《隐藏昨夜的疯狂》

案例赏析： 如图2-64，这组"世界地球日，熄灯1小时"公益活动的宣传招贴，将象征1小时的30度角时钟与森林同构。时钟内又做了对比，一边是生机盎然，一边是满目疮痍，由此直观反映了广告语"仅仅1小时，对地球来说大不一样"。

图 2-64 公益招贴《为地球熄灯 1 小时》

十二、几何图形型

这种构图主要通过几何图形的重复、叠加而形成，受众视觉一般随着图形做探寻式运动。一方面，它具有独特而强烈的画面风格，容易吸引受众目光；另一方面，它也容易产生杂乱感或单调感。如果运用得当，能赋予设计现代感、视幻感或统一感，使熟悉或平凡的画面焕发新生（如图 2-64 至图 2-67）；如果运用不当，会产生零散、死板的负面效果。

案例赏析： 如图 2-65，这组 WWF 公益招贴，画面被分割为三角形，以巧妙的构思切中了主题，并引发受众脑海中的动态联想。

案例赏析： 如图 2-66，这幅 Gralise 药片的商业招贴，以钟表型构图，直观地展现了一个人全天各时段的生活场景，由此切中"只需一片，药效就可持续一整天"的产品特点。

案例赏析： 如图 2-67，这组名画展的宣传招贴，将几何图形叠加在名画上，使人们熟悉的名画展现出一种全新的视觉效果。

图 2-65 公益招贴《提高你的呼声，提升它们的生存空间》

图 2-66　商业招贴《只需一片，精神全天》

图 2-67　商业招贴《代表作》

第四节　图形创意中的字体设计与配色设计

除了图形外，字体设计与配色设计也是图形创意中的重要搭配元素，它们影响着画面的整体效果。

一、文字设计的原则

图形创意中的文字设计，要根据图形，以及希望传达的信息、情感进行统筹，安排好文字在字体、大小、色彩等方面的对比与统一，以达到最优化的视觉效果。

在做图形创意中的文字设计时，要遵循高效传达、独具创意、富于美感的原则。

归根到底，图形是一种信息的传播形式，信息的高效传达是文字设计的首要原则和目的（如图 2-68 至图 2-71 ）；而对文字进行创意化和艺术化处理，

图 2-68　商业招贴《博物馆不眠夜》

图 2-69　商业招贴《喝下去的自然》

可增强画面的趣味性和审美性，加深受众印象（如图 2-72 至图 2-76）。

　　此外，文字设计的对比与统一，主要表现在文字大小、字体、位置、色彩等方面的对比统一上。文字设计要服务于整个版面，因此一定要根据画面的内容、风格、效果等进行协调与匹配（如图 2-77 至图 2-78）。

图 2-70　公益招贴《塑料遗产》

图 2-71 公益招贴《唯一的证人不会说话》

图 2-73 商业招贴《内有乾坤》

案例赏析： 如图 2-68，这组"博物馆不眠夜"活动的宣传招贴，视觉的重点在于图形的创意性：蒙娜丽莎、梵高等名画中的人物都挂着大大的黑眼圈，由此切中"不眠夜"的主题，名画的表述风格与主题完美匹配。文字设计极为简洁，既衬托了创意图形，又高效传达了活动的内容、时间、地点等信息。

案例赏析： 如图 2-69，这组 Hurom 低速原汁机的商业招贴，希望传达的信息是："全球首创冷压慢磨技术，每分钟仅 17 转，更大限度地保留原汁的口味与营养。"招贴的色彩清新、明快，营造出天然、健康的氛围。文字设计简洁而有层次感，色彩搭配和谐，高效传达了产品卖点。

案例赏析： 如图 2-70，这组绿色和平组织的公益招贴，希望传达的信息是："塑料降解需要至少 400 年的时间，这就是你留给世界的遗产？"画面整体为暗色调，同时对塑料制品在色彩上进行了突出强调，契合了"人类疯狂的物质消费对地球造成的破坏"的暗喻。极简的文字设计，既与整个画面相辅相成，又简明易读。

案例赏析： 如图 2-71，这组国际特赦组织的公益招贴，主题是妇女遭受的家庭暴力问题。设计师没有直接展现妇女遭受家暴时的画面，而是展现了目睹妈妈被毒打而吓得大哭的幼儿的画面。这种转换视角的表现手法，不仅侧面反映了妇女遭受的侵害，还揭示了家暴对儿童的影响等更多、更深层次的问题。画面的广告语仅一句："唯一的证人不会说话，那些遭受家暴的女性需要你的帮助。"文字设计极为简洁醒目，黄色背景起到了突出强调和警示的作用。

案例赏析： 如图 2-72，这幅麦当劳 24 小时营业店的商业招贴，时间数字的设计极为巧妙：正向看是12:50，倒着看是 05:21，切合了 24 小时营业的卖点。

图 2-72 商业招贴《24 小时营业》

图 2-74　商业招贴《定制你的麦旋风》

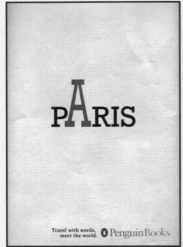

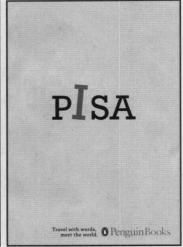

图 2-75　商业招贴《以文字游世界》

案例赏析： 如图 2-73，这幅 Greenwich 披萨饼的商业招贴，内含满满的芝士。画面采用芝士块雕琢广告语文字的方式，既直观高效地传达了卖点，又调动了画面的趣味性。简洁的黑色背景，令受众视觉集中在图片和文字信息上。

图 2-77　商业招贴《以假乱真》

图 2-76　商业招贴《随时随地，展现性感》

案例赏析：如图 2-74，这组麦当劳麦旋风的商业招贴，希望宣传的产品信息是："定制你的麦旋风，配料随心选。"麦旋风纸杯和各种配料（可爱多碎、奇巧巧克力碎、焦糖、草莓酱、巧克力酱等）组成 Mona、Bob、Thor、Joan 等英文名，巧妙地切合了主题。

案例赏析：如图 2-75，这组企鹅图书的商业招贴，将比萨斜塔与英文单词 Pisa（比萨）相结合、埃菲尔铁塔与英文单词 Paris（巴黎）相结合、公交车与英文单词 London（伦敦）相结合，极为巧妙地切合了主题。

案例赏析：如图 2-76，这组 Intimissimi 钢管舞的商业招贴，希望传达的信息是"随时随地，展现性感"。设计师将"工作（WORK）""商超（MARKET）""教堂（CHURCH）"这三个英文单词的文字线条变为钢管，与女性的窈窕剪影相融合。配合简洁、女性化的色彩设计，创造出时尚、极具个性化的画面。

案例赏析：如图 2-77，这组 Tuia 仿真花卉的商业招贴，广告语是："连'专家'都分不出真假。"画面的视觉重点是创意图形，中明度、中纯度的配色，创造了清新、明快、宁静的画面效果，所以广告语文字选择了小字号简洁字体，既不抢视觉，又塑造了精致感。

案例赏析：如图 2-78，这组里斯本大学音乐节·新年音乐会的宣传招贴，主题是"年轻人的交响乐"。创意图形是莫扎特、柴可夫斯基卖萌耍酷的造型。文字设计极为抢眼，广告语的字体统一，通过大小和颜色进行层次区分，使视觉既富有跃动感，而又不失和谐统一；作曲家、演奏曲目等详细信息则使用小字号简洁字体，既与广告语有所区分，又便于阅读。创意图形与文字设计搭配得天衣无缝，非常符合年轻人的审美。

图 2-78　商业招贴《年轻人的交响乐》

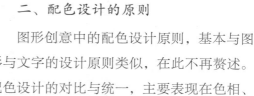

二、配色设计的原则

图形创意中的配色设计原则，基本与图形与文字的设计原则类似，在此不再赘述。配色设计的对比与统一，主要表现在色相、明度、纯度、冷暖、色调等方面的对比统一上。配色设计也要服务于整个版面，根据画面的内容、定位、风格、效果等进行统筹（如图 2-79 至图 2-84）。

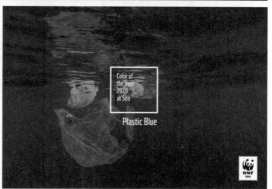

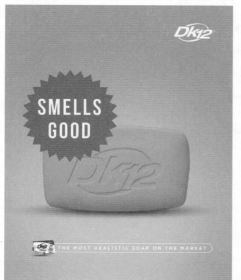

图 2-80　商业招贴《市面上最实惠的香皂》

图 2-79　公益招贴《塑料蓝》

案例赏析： 如图 2-79，这组 WWF 公益招贴，主题是"塑料蓝，2020 年的海洋色"。画面采用暗色调，显得幽暗、神秘莫测，弥漫出为已经很严重的生态危机和潜在的生物灭绝风险担忧的氛围。图形的蓝色和文字的白色互为对比，由此起到简明易读与心理警示的作用。

图 2-81　商业招贴《阳光的味道》

图 2-82　商业招贴《百变安全帽》

案例赏析：如图 2-80，这组 DK12 香皂的商业招贴，产品卖点是"实惠"，广告语非常有趣："这是市面上最实惠的香皂。在我的广告中，你看不到鲜花，我是香皂，不是花园！"

鉴于产品定位与广告语，设计师一反在香皂广告中大量装饰鲜花等元素的传统做法，而采用粉色与蓝色两种互补色做对比的表现手法，切中实惠、实实在在不花哨的产品卖点。

高明度、中纯度的鲜艳色彩搭配，一般可营造廉价、明朗、快乐的视觉效果。控制好色相数量，做好对比与统一，可使画面热烈而不凌乱。

案例赏析：如图 2-81，这组 Avanti 奶酪的商业招贴，产品卖点是"让你嗅到阳光的味道"。明快的颜色，被统一在黄色与紫色或黄色与红色这两种主色相中，画面丰富绚丽而不失和谐统一，让人感到满屏的阳光、健康、天然、快乐的气息。

案例赏析：2-82，这组 Legend 儿童自行车安全帽的商业招贴，将画面主色相设定为产品的主打色，通过不同明度与纯度的区分，赋予产品、背景、广告语文字以层次感。画面效果明快丰富，而又和谐统一。

案例赏析：如图 2-83，这组 Zim 彩粉的商业招贴，整个画面被渲染为一个颜色，视觉冲击力极强。右上角的白色标志，起到画龙点睛的作用，加深了受众脑海中的品牌印象。低纯度、低明度的色彩设置，缓和了视觉刺激感，避免画面显得俗气、廉价。

图 2-83　商业招贴《此刻尽色彩》

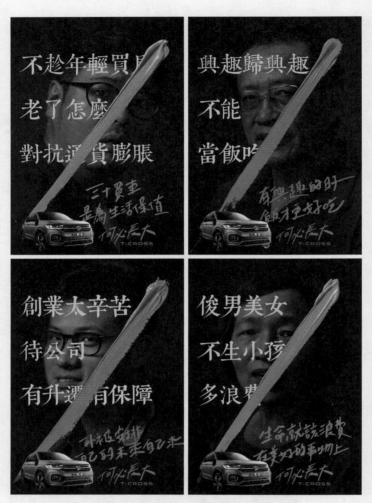

图2-84 商业招贴《何必长大》

案例赏析：

大众途铠汽车的外观十分酷炫，目标用户定位于80后、90后。这一群体拥有一定购买力，精神要求较高，有许多人追求单身与自由。没有人能阻止年龄的增长，我们也没法堵住别人批判的嘴，也许有人为此感到困扰，在家庭与自由之间纠结。针对这一消费群体的情况，大众推出了"何必长大"系列招贴，鼓励年轻一族勇敢摒弃主流价值观，用鲜艳的画笔绘出自己的人生。

如图2-84，在该组招贴的画面中，色彩上对立的两种字体代表了来自主流价值观的唠叨与年轻一代的个性心声。设计师通过文案与彩色的强烈对比，以及对角对开对比的构图模式，切中了主题。画面视觉冲击力极强，个性十足，迎合了年轻人的想法，迅速引发情感共鸣。

图 2-85　公益招贴《给动物自由》

实践训练

1. 各设计一组点、线、面的图形，尺寸自定。参考案例如图 2-85 至图 2-87。

2. 根据本章介绍的构图类型，设计若干组图形，尺寸自定。参考案例如图 2-88 至图 2-98。

案例赏析： 如图 2-85，这组 WWF 公益招贴，采用线的构图元素，将老虎与斑马身上的条纹与牢笼的铁杆同构，切中"反对监禁动物，反对动物表演"的主题。

案例赏析： 如图 2-86，在这组 WWF 公益招贴中，众多河马中隐藏着一只犀牛，众多海豚中隐藏着一只蓝鲸，众多棕熊中隐藏着一只北极熊。点的构图元素与韵律重复型构图的结合，既引发了受众的互动，又切中了"一只接一只地杀，终有一天，一只不剩"的主题。

图 2-86　公益招贴《终有一天，一只不剩》

图 2-87　商业招贴《馅料多得多》

图 2-88　公益招贴《停止恶性循环》

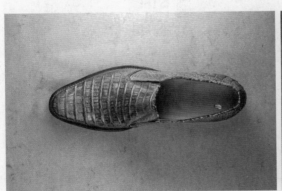

图 2-89　公益招贴《时尚》

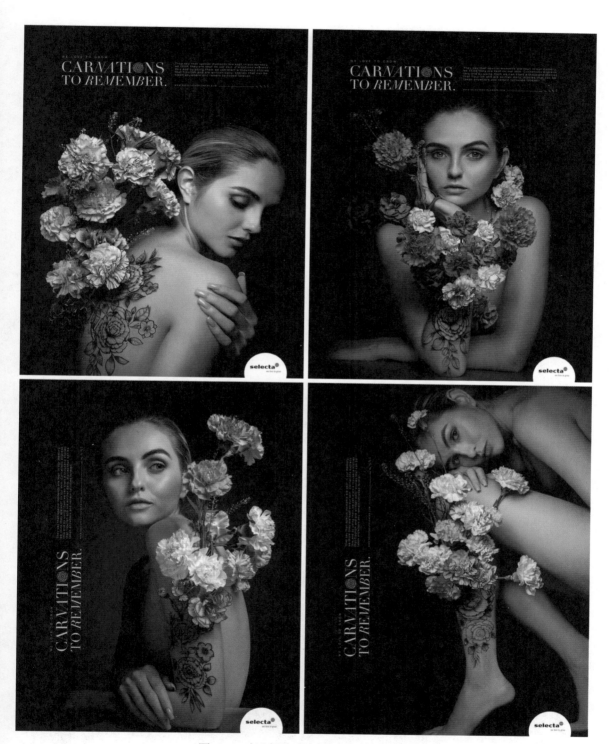

图 2-90　商业招贴《被永久记忆的鲜花》

图 2-91　商业招贴《开始与结束》

案例赏析： 如图 2-87，这组 Amori 夹心饼干的商业招贴，采用面的构图元素，将代表草莓、香草和巧克力的粉色、黄色和棕色铺满了几乎整个画面，效果极为抢眼，品牌瞬间脱颖而出，由此彰显"比其他品牌馅料多得多"的卖点。

案例赏析： 有数据显示，1/3 曾遭受过虐待的儿童，长大后会变为施暴者。基于这个问题，Amigos for Kids 发起了"停止恶性循环"的公益活动。如图 2-88，这组该活动的宣传招贴，采用中分对比型与几何图形型构图，将施暴的成年人与受虐的儿童的肢体艺术化为两个环形，由此切中主题。

图 2-92　商业招贴《别因缺钙折断你的梦想》

图 2-93 商业招贴《相亲相爱》　　　　　　　图 2-94 商业招贴《更多果汁，更多活力》

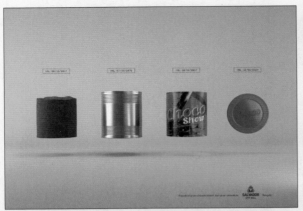

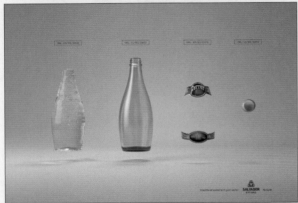

图 2-95　公益招贴《各有时限》

案例赏析： 如图 2-90，这组 Selecta Cut Flowers 花店的商业招贴，采用标准整体型构图。真实的鲜花与模特身体上的花卉文身图案交相呼应，由此切中主题："我们提供的花卉服务，就像文身一般被永久记忆。" 简洁优雅的黑色背景凸显了鲜花的柔和与多彩，将受众的视线集中于花与模特的部分；文字是画面的次要部分，香槟金色的设计更为画面平添了一抹华贵。

图 2-96　商业招贴《真材实料，造就好味道》

案例赏析： 如图 2-89，这组绿色和平组织的公益招贴，荣获 2008 年戛纳国际创意节铜奖、国际摄影艺术联合会（FIAP）摄影大赛银奖、2009 年欧洲平面广告奖·金天使奖、2009 年克里奥国际广告节银奖等众多大奖。画面中除了该组织的标志外，无任何文字，仅靠一只皮鞋就引发了受众的无限联想：说这鞋昂贵，仅仅因它价格高吗？这背后葬送了多少动物的生命？时尚与利益值得付出如此大的代价吗？究竟是什么导致了这一切……

案例赏析：

在每根 Dos En Uno 棒棒糖中，含有一颗泡泡糖。如图 2-91，这组该款棒棒糖的商业招贴，广告语分别是"以天使开始，以地狱天使结束""以童星开始，以摇滚明星结束""以球迷开始，以足球流氓结束"。招贴采用中分对比型构图，将小天使、球迷、童星代表的棒棒糖置于左边，将地狱天使、足球流氓、摇滚明星代表的泡泡糖置于右边。为了配合较为复杂的图形，两边的背景色采用了同色相的不同纯度进行对比，既缓和了视觉刺激感，使画面热烈、张扬而不凌乱，又切中了"棒棒糖与泡泡糖二合一"的卖点。

案例赏析： 如图 2-92，在这组 Saudi 高钙奶的商业招贴中，芭蕾舞演员出现失误，最终成为上班族；体操运动员出现失误，最终成为保洁员；跆拳道选手出现失误，最终成为仓库运输员。水平中分对比式构图与过程化的表现手法，既引导了受众的视觉流动，又令他们产生从天堂跌落的失落感，由此引导到广告语上："别因缺钙折断你的梦想。"

案例赏析：《动物星球》是主要播出向大众介绍野生动物的节目的电视频道。如图 2-93，这组该频道的商业招贴，以均匀对称的构图，展现了动物们亲昵时的情景，画面温馨、和谐、安宁。

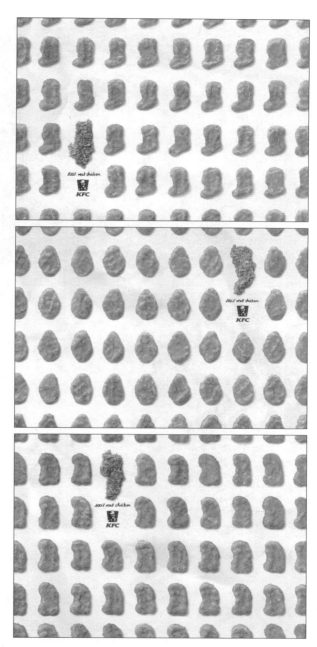

图 2-97　商业招贴《100% 鸡肉》

图 2-98　商业招贴《图书速递》

案例赏析：如图 2-94，这组 Suvalan 葡萄汁的商业招贴，将漫画中的耳机等物品置换为实物葡萄，虚实对比的手法突出了产品。搭配简洁的配色，展现出自然、健康、清新、活泼的画面效果。

案例赏析：如图 2-95，这组 Salvador City Hall 推出的关于垃圾分类的公益招贴，采用等比分割式构图，将一盒巧克力（巧克力、铁盒、包装纸、盒盖）和一瓶矿泉水（水、玻璃瓶、包装纸、瓶盖）的各组成部分放置在画面中平行均等的四个部分中展示，并相应标注了它们的降解日期，由此切中广告语"一盒巧克力不仅仅是巧克力""一瓶矿泉水不仅仅是矿泉水"，诠释了垃圾分类的重要性。

案例赏析：如图 2-96，这组亨氏系列调味酱的商业招贴，采用散点放射型构图，将制作该款调味酱的原材料直观罗列出来，彰显了安全、健康、真材实料的品质。

案例赏析：如图 2-97，这组肯德基的商业招贴，将点进行韵律重复型构图，突出了肯德基品牌鸡块分量大、食材真、味道好的卖点。

案例赏析：如图 2-98，在这组 Wook 网上书店的商业招贴中，恐怖小丑、骑士、一对恋人站在快递纸箱中，出现于画面正中，并占据画面的绝对主导，由此引出恐怖小说、骑士小说、爱情小说的特价活动与图书速递服务。

图形创意的构形手法

教学目标

1.通过系统讲述创意图形的构形法则，使学生系统掌握图形的分解与置换、形的意念组合、形的残缺与空白、形的图底共生、肖似形、形的悖论结构与趣味空间、视错觉等七大构形手法，以及各手法的具体运用。

2.通过案例的分析，拓展学生的视野。

教学关键词

分解与置换 意念组合 残缺与空白 图底共生 肖似形 悖论结构与趣味空间 视错觉

扫码看课件　　　　扫码看短视频

艺术的伟大意义，基本上在于它能显示人的真正
感情、内心生活的奥秘和热情的世界。
——罗曼·罗兰

在图形语言的编码过程中，视觉意象主要体现为图形的分解与置换、形的意念组合、形的残缺与空白、形的图底共生、肖似形、形的悖论结构与趣味空间、视错觉这七种意象组合形式。认识意象在图形语言编码中的表现形式和作用，对图形创意实践具有指导性意义。

一、形的分解与置换

图形可被分解成若干部分，分解方法有形与影分解、形与背景分解、整体形中的二级形的分离等。分解时应注意，图形分解不是机械的切割，而是按其自身结构进行的自然分解，这样才能够保证部分置换后整体图形的和谐自然。

置换是在相似的前提下，被置换的新的部分和原有图形存在一定逻辑联系，从而使图形与意念自然连接，受众凭直觉就可解读出相关概念（如图 3-1 至图 3-11）。

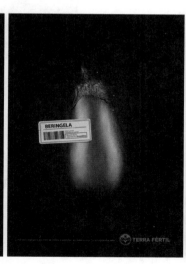

图 3-1　公益招贴《大自然的馈赠贵如金》

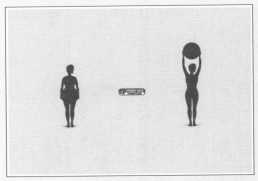

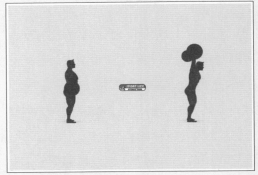

图 3-2　商业招贴《动起来》

图 3-3　商业招贴《游刃有鱼》

案例赏析： 如图 3-1，这组拉丁美洲天然食品公司 Organicos Terra Fertil 推出的公益招贴，将蔬果外皮置换成黄金，切中"每年有超过 1000 万吨的蔬果被浪费，珍惜大自然赐予我们的宝贵财富"的广告语。

图 3-4　商业招贴《搭配什么都好吃》

图 3-5　商业招贴《息息相关》

图 3-6　商业招贴《食材的尊贵品质》

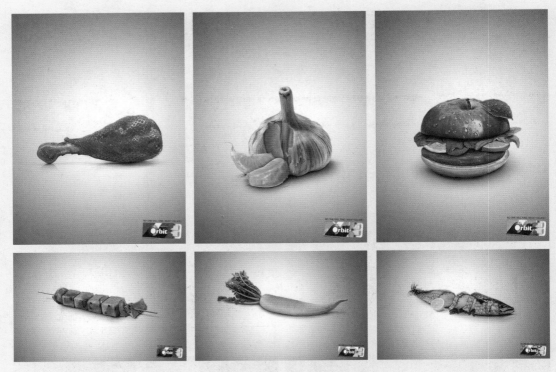

图 3-7　商业招贴《没人知道你吃过什么》

图 3-8　公益招贴《言语暴力》

案例赏析： 如图 3-2，这组 Sport Life 健身俱乐部的商业招贴，将堆积的脂肪置换为健身器械，简洁而妙趣地展现了运动瘦身的理念。

案例赏析： 如图 3-3，在这幅 Wusthof 刀具的商业招贴中，鲨鱼鱼鳍与刀尖的造型进行置换，将刀具的锋利与顺畅的使用体验展现得淋漓尽致。

案例赏析： 如图 3-4，这组 Bango 酱油的商业招贴，将鸡、羊、牛的不同部位置换为由该部位制作的美食，生动地切中了主题。

案例赏析： 如图 3-5，这组瑞士有机认证的商业招贴，将动物身体的某部分置换成蔬果，生动地展现了动物与有机产品之间的联系。

案例赏析： 如图 3-6，这组 Tendall Grill 烧烤的商业招贴，荣获 2016 年金铅笔广告奖（The One Show）银奖。它将欧洲贵族、骑士的头部置换成猪、牛、羊、鸡的头部，以此彰显食材的尊贵品质。

图 3-9 商业招贴《贝多芬第九交响曲》

案例赏析：如图 3-7，这组 Orbit 口香糖的商业招贴，将不同食物进行了置换与组合，展现了清新口气的产品卖点。

案例赏析：如图 3-8，这幅公益招贴入围 2016 年德国 Mut zur Wut 国际海报设计竞赛 30 强。作者将家长的舌头置换为皮带，形象地说明了言语暴力带给孩子的伤害。

案例赏析：如图 3-9，在这组贝多芬音乐会的商业招贴中，设计大师福田繁雄将贝多芬的头发置换成烂漫的山花、奔跑的小鹿、飞舞的天使和跃动的音符，将贝多芬的音乐带给人们的无限遐想生动地展现出来。

图 3-11　商业招贴《不来瓶佳得乐吗》

图 3-10　商业招贴《把印象主义转为写实主义》

案例赏析：如图 3-10，这组 Keloptic 眼镜的商业招贴，将印象派名画中的局部置换为清晰的摄影作品，幽默地展现了产品特点。

案例赏析：如图 3-11，这组佳得乐运动饮料的商业招贴，巧妙运用影子置换的表现手法，增强了画面的趣味性：骑电动车，身影被置换成骑动感单车；睡醒懒觉后伸懒腰，身影被置换成举重健身；无精打采地通勤，身影被置换成朝气蓬勃地晨跑。

图 3-12　商业招贴《香艇美人》

二、形的意念组合

　　形的意念组合是指运用联想的思维方法，以情感为中介，将两个或多个看似不相干的形象巧妙地组合到一起，形成夸张的意念，从而传达信息或情感，并给受众提供无限的联想空间，使"形"与"意"得到有效联结（如图 3-12 至图 3-21）。

图 3-13　公益招贴《看不到不代表不存在》

图 3-14　公益招贴《像保护熊猫一样保护其他野生动物》

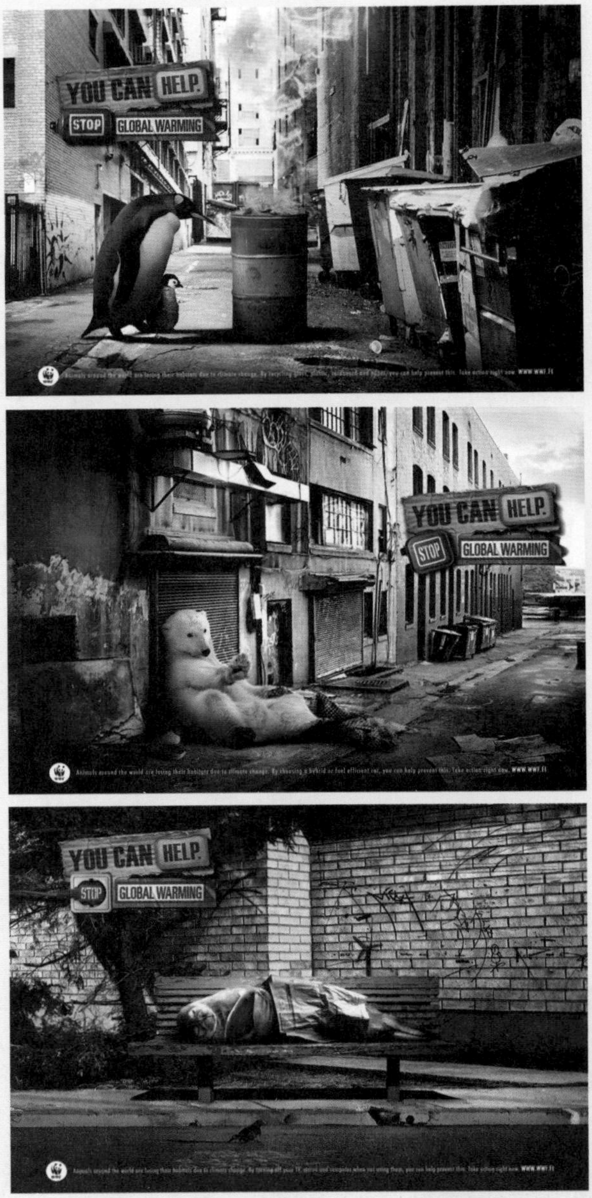

图 3-15　公益招贴《你可以帮助这些“流浪汉”》

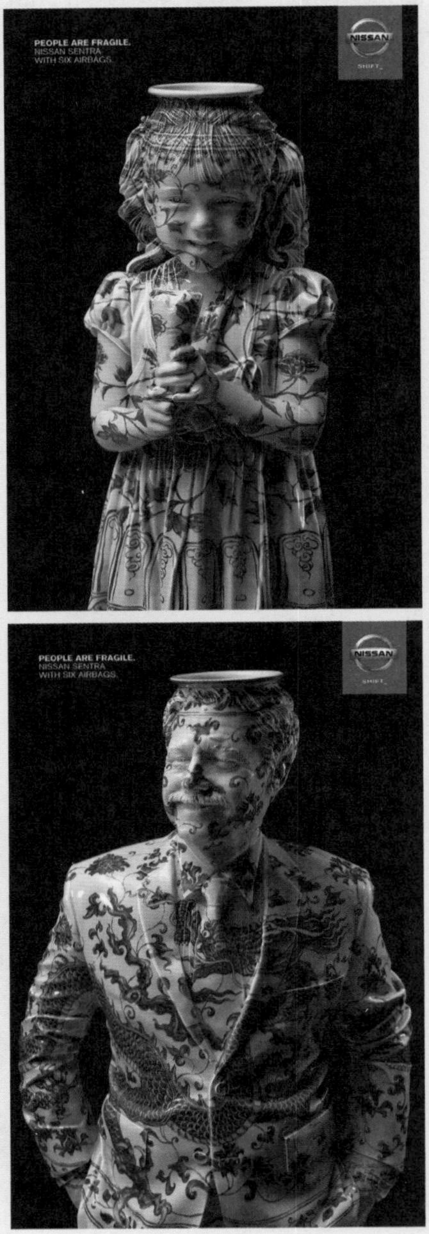

图 3-16　商业招贴《生命是脆弱的》

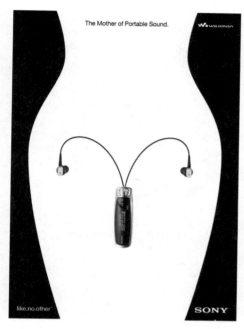

图 3-17 商业招贴《宛如妈妈的声音》

案例赏析：如图 3-12，这组 2016 年圣保罗游艇展的商业招贴，将美人鱼柔顺优美的秀发与海浪同构。画面华贵、唯美，整体风格与产品定位非常切合。

案例赏析：如图 3-13，在该环保公益招贴中，海水与遮盖垃圾的帆布同构，超现实的画面使主题得到了淋漓尽致的展现。

案例赏析：如图 3-14，这组 WWF 公益招贴，将狼、犀牛、狮子的形象与熊猫的外形特征相结合，既使人产生这些动物被殴打的联想，又生动而强烈地表现了主题：停止对野生动物的摧残，像保护大熊猫一样保护它们。

案例赏析：如图 3-15，在这组 WWF 公益招贴中，因为全球变暖导致冰川消融，企鹅、北极熊、海豹等寒冷地区的动物失去了家园，设计师将其与流浪汉的形象同构，看上去令人心酸，引发受众"扼制全球变暖，保护动物"的共鸣。

图 3-18 商业招贴《无缘亲近》

案例赏析：如图 3-21，这组 La Nueva Michoacana 冰淇淋的商业招贴，将冰淇淋与乐器同构，画面色彩清新明快。

图 3-20 商业招贴《尽享美味，不惧腹胀》

图 3-19 商业招贴《冒险无处不在》

案例赏析：如图 3-16，这组日产轩逸轿车的商业招贴，荣获 2014 年金铅笔广告奖优秀奖。它将人物与瓷器同构，寓意事故中生命的脆弱，进而引出"日产轩逸轿车拥有六个气囊"的安全性卖点。

案例赏析：如图 3-17，这幅索尼便携耳机的商业招贴，将耳机与女性的子宫同构，使受众产生自己仍是胎儿，在妈妈子宫内聆听声音的联想，从视觉上引导受众想象产品所带来的舒适、安心、惬意的听觉享受。

案例赏析：如图 3-18，这组 Instinct 安全套的商业招贴，将安全套与深渊同构，精子被拟人化为骑士、牛仔，卵子被拟人化为公主、贵妇，画面非常可爱。

案例赏析：如图 3-19，这组 Jeep 越野车的商业招贴，将溅起的泥沙与城市街景同构，画面充满了狂野的魅力。

案例赏析：如图 3-20，这组 Gas-X 缓解腹胀药品的商业招贴，将食物与被放气的气球同构，幽默地诠释了药效。

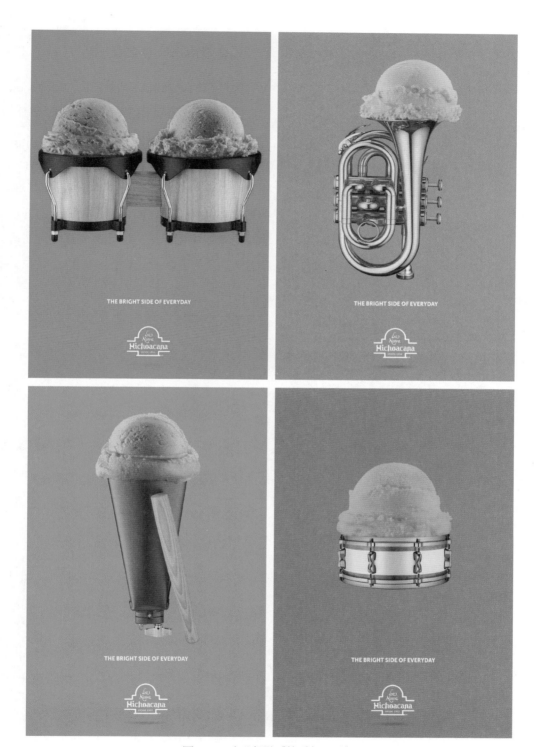

图 3-21　商业招贴《快乐每一天》

三、形的残缺与空白

图形在视觉上残缺或不完整，但给受众开放了广阔的想象空间，这就是形的残缺与空白的魅力。这种表现手法有如下两大优势。

首先，真正有表现力和感染力的不完全形能充分调动受众的想象力，达到"形有尽而意无穷"的境界。其次，简化或舍弃无关紧要的部分，视觉重点就被突出出来，设计师的真正意图可实现高效传达（如图 3-22 至图 3-30）。

图 3-22　商业招贴《燃脂》

案例赏析： 如图 3-22，在这组 Life Yoga 瑜伽健身俱乐部的商业招贴中，人物曼妙的身姿若隐若现，如蜡油流淌的艺术化处理，象征了"燃脂瘦身"。残缺的表现手法，既给了受众丰富的想象空间，又强化了代入感。

案例赏析： 如图 3-23，这组 2004 年雅典残奥会的宣传招贴，运用残缺之美的表现手法，对"掷铁饼者"等古希腊雕塑进行创意改造，完美地诠释了主题并展现了自强不息的残奥会精神。

案例赏析： 如图 3-24，这组宜家家居的商业招贴，隐去了家具的具体意象，突出使用者的舒适之态，留给受众无尽的想象空间，并巧妙规避了"有一千个使用者，就有一千个舒适标准"的问题。

图 3-23 公益招贴《2004 年雅典残奥会》

图 3-24 商业招贴《让你睡得更自在》

案例赏析： 如图3-25，这组 Upland 酒的商业招贴，只显示部分瓶身，多变的形态、绚丽的色彩，与简洁的背景形成强烈对比，原本普通的酒瓶变得丰富绚丽。

案例赏析： 如图3-26，这幅麦当劳新巨无霸汉堡包的商业招贴，没有直观展现汉堡包有多大，只展现了绝大部分空着的托盘，把无尽想象力留给受众，由此切中"比你想象得还大"的卖点。

案例赏析： 图3-27所示的作品荣获第13届国际招贴画双年展优秀奖。图中的手虽然做出"胜利"的手势，但我们无法忽视那些失去的手指，正是那些残缺的部分提醒人们：战争中所谓的胜利，是要付出巨大代价的。

图3-25　商业招贴《Upland 酒水》　　　　　图3-26　商业招贴《有多大，你猜》

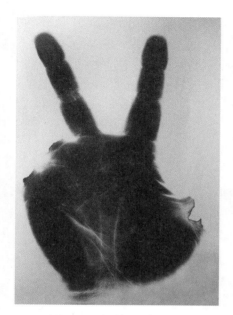

图 3-27　公益招贴《胜利》

图 3-28　商业招贴《戴与不戴，截然不同》

图 3-29　公益招贴《交通安全》

案例赏析： 如图 3-28，这幅 Hut Weber 帽子的商业招贴，幽默地诠释了一顶帽子带来的区别：戴上就是卓别林，不戴就是希特勒。该作品构思极为巧妙，视觉效果简洁而对比强烈。形的残缺手法，令受众的注意力最终停留在帽子上。

案例赏析： 图 3-29 所示的是著名平面设计师陈邵华先生的作品。在该招贴中，断掉的壁虎尾巴提醒人们：如果你没有壁虎尾巴那种再生的超能力，还是乖乖遵守交通规则吧。

案例赏析： 如图 3-30，德国漫画家与设计大师莱克斯·德文斯基的这幅作品，利用形的不完整，直观生动地展示了马太效应：穷人所失去的，恰恰是富人所占有的，穷者越穷，富者越富。

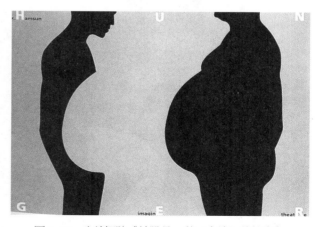

图 3-30　公益招贴《炒股是一种"合法"的掠夺》

四、形的图底共生

"共生"原是生物现象，是指两个互无关系的生物通过结合而产生新的生物形态。将共生原理运用到设计中，便产生了共生图形。共生图形是指以相互依存为前提而共同存在的两个图形，二者缺一不可，当一方消失时，另一方也就无法存在。

共生图形以线或面为依存条件，当人们关注一幅共生图形时，总是会有选择地将少数事物或性。互为图底的造型结构，在不直接展现物形轮廓的情况下，常常可以使隐藏的图形获得神秘的视觉效果和极强的心灵震撼，从而较好地完成视觉的转移与意念的转换（如图 3-31 至图 3-38）。

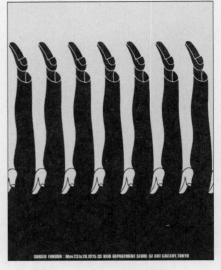

图 3-32　商业招贴《京王百货》

图 3-31　商业招贴《同组合一》

图 3-33　商业招贴《罗密欧与朱丽叶》

案例赏析： 如图 3-31，在这组可口可乐的商业招贴中，黑人与白人的手、印度人与巴基斯坦人的手夹住瓶盖，协力组成一个可乐瓶的负形结构，由此生动诠释了和平、尊重、平等的主题。

图 3-34　商业招贴《安东尼与克莉奥佩特拉》

图 3-35　商业招贴《博洛尼亚音乐节》

案例赏析： 如图 3-32，在这幅福田繁雄为日本京王百货设计的商业招贴中，男性与女性交织的腿形成黑白对比的正负形，并进行了上下重复并置，创造出简洁有趣的视觉效果。

案例赏析： 如图 3-33，美国视觉设计大师兰尼·索曼斯为戏剧《罗密欧与朱丽叶》设计的商业招贴，生动地表达了莎翁笔下这一爱情悲剧的主题。图形正形为一对恋人，负形则是一把匕首，刺到两人的心上，一对恋人纯真的爱情背后潜伏着重重杀机。该作品画面极为简洁，视觉效果强烈，准确而鲜明地表现了爱情与仇恨这两种情感的剧烈冲突。

案例赏析： 如图 3-34，《安东尼与克莉奥佩特拉》是莎士比亚的一部经典戏剧，在这幅该剧的广告海报中，美女身体与蛇的图底共生，使画面弥漫着一股诱惑、危险、不祥的气氛，暗示出男女主人公这场与政治纠葛在一起的爱情注定是个悲剧。设计大师莱克斯·德文斯基在设计该作品时，抓住了剧本的精髓，提炼出"美女与蛇"的概念，与戏剧的内容丝丝相扣：为了保住自己的国家，埃及艳后克莉奥佩特拉不惜用身体诱惑安东尼，就像毒蛇一样瓦解他的意志，而这条毒蛇又是克莉奥佩特拉最后用来自杀的尼罗河流域特产的剧毒小蛇。该作品用简洁的图形，传达出深层次的概念，带给观众极高的艺术享受。

案例赏析： 如图 3-35，这幅 2012 年博洛尼亚音乐节的宣传招贴，将小提琴的正形结构与演奏者的负形结构巧妙地结合在一起，画风简洁优雅，完美切合主题。

案例赏析： 如图 3-36，这组 JBL 降噪耳机的商业招贴为2017 年戛纳广告节获奖作品。图中，降噪耳机的负形结构以空白的手法展现出来，既与色彩复杂的正形结构形成对比，又留给受众想象空间。

案例赏析： 如图 3-37，在这幅企鹅图书出版的《格林童话》的商业招贴中，大灰狼弯曲的身体与企鹅图书的标志图案形成正负形。别出心裁的设计，令受众耳目一新。

案例赏析： 如图 3-38，这组布宜诺斯艾利斯动物园的商业招贴，运用大象、蛇、鳄鱼、飞鸟等形象，以对称式的构图，呈现出巧妙的正负图形，反映出动物之间相互依存的关系。

图 3-37　商业招贴《小红帽》

图 3-36　商业招贴《嘈杂中的宁静》

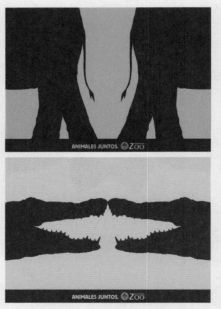

图 3-38　商业招贴《布宜诺斯艾利斯动物园》

图 3-39 商业招贴《兔女郎》

五、肖似形

肖似形是指通过对现实中物象的重新审视与视角转移，使图形表现出全新的概念，从而实现自然物象的语义再发现。从自然物象上发现新的视觉意义，往往是最难得的，但也最容易博得受众的认同。在这里，图形的整体形态相似性是关键。通过整体结构或质感的同构，可以物导出另一种概念或意境，从而使受众产生生动和富有情趣的联想，并领会创作者的设计意图（如图 3-39 至图 3-46）。

图 3-40 公益招贴《闹钟》

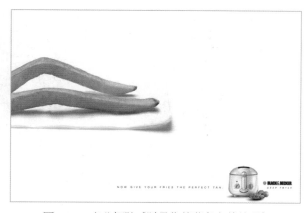

图 3-41 商业招贴《赋予你的薯条完美外形》

图 3-42　公益招贴《向野生动物伸把手》

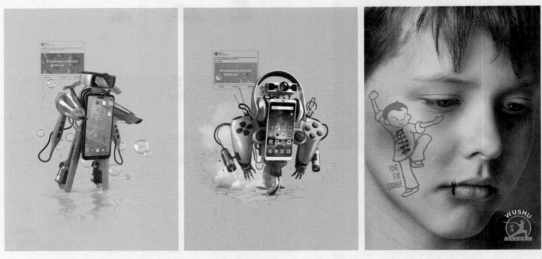

图 3-43　商业招贴《大减价：机器人也疯狂》　　　图 3-44　商业招贴《改变》

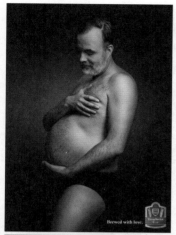

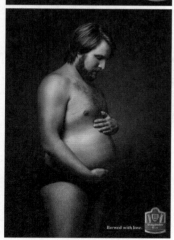

图 3-45　商业招贴《由满满的爱酿而成》

案例赏析： 如图 3-39，这组 bbb 鞋靴的商业招贴，利用女鞋与兔耳朵的肖似形，展现了性感、俏皮、可爱的品牌风格。

案例赏析： 如图 3-40，这幅 WWF 公益招贴，将大熊猫的耳朵同闹钟的造型同构，但观察整体画面时，受众又会发现一双流泪的眼睛，由此主题得到诠释：沉溺于眼前利益的人类，醒醒吧，停止对自然的破坏，不要等到为时已晚时才流下悔恨的泪水。

案例赏析： 如图 3-41，在这幅电热油炸锅的商业招贴中，薯条与美女性感双腿的肖似形，生动有趣地展现出产品卖点。

案例赏析： 如图 3-42，在这组 WWF 公益招贴中，人的一只手被彩绘成大象等野生动物的形象，由此切合主题并调动受众的参与情绪——向野生动物伸把手，在保护自然生态的事业中尽自己的一份力。

案例赏析： 如图 3-43，这组 ALLO 电商平台的商业招贴，将手机、吹风机、电子手表等商品组合成机器人的意象，画面富有科技感和妙趣，明净柔和的背景色又带来便宜、贴心、安稳的感觉。

案例赏析： 如图 3-44，在这幅武术学校的商业招贴中，遭受欺凌的孩子脸上的伤痕与习武服装上的中式纽扣同构，直观地展现了学习武术带来的改变。

案例赏析： 如图 3-45，这组 Bergedorfer Bier 啤酒的商业招贴，利用男士的啤酒肚与孕妇肚的肖似形，幽默而暖心地诠释了主题。

案例赏析： 如图 3-46，这组绿色和平组织的公益招贴，将我们在日常生活中丢弃的塑料垃圾组合成枪的意象，由此切中广告语："一个手无寸铁的主妇，也能变成超级杀手。"

图 3-46　公益招贴《超级杀手》

六、形的悖论结构与趣味空间

悖论图形是指把反常态的、荒诞的、违背逻辑的图形组合在一起，从而打破自然界的客观现实。不合逻辑的图形形态，能够造成视觉上的无尽趣味或深意（如图3-47至图3-53）。

图3-47 公益招贴《当世界被海水淹没》

案例赏析： 如图3-47，在这幅WWF公益招贴中，象征死亡的鲨鱼游弋于沉没到海中的城市建筑间，看上去阴森可怖。全球变暖导致海平面上升，当世界被海水淹没时，那种恐怖的景象会远超我们的想象！

案例赏析： AXE男士香水与女士香水，其卖点是可以增强对异性的吸引力。如图3-48，在这组该香水的商业招贴中，一个男性拿着电焊枪，与之一见钟情的女性提着一包爆竹；一个男性正在修汽车电路，与之一见钟情的女性正在加油。他们眼中只有彼此，全然没意识到即将发生的爆炸。荒诞的画面，强烈地传达了产品卖点。

图3-48 商业招贴《一见钟情》

案例赏析： 如图3-49，在这组企鹅听书App的商业招贴中，戴着耳机的读者置身于舞台上，融入一系列经典戏剧的剧情之中。超现实的表现手法，带来了极强的临场感与代入感。

图 3-49　商业招贴《身处舞台中》

案例赏析： 如图3-50，这组意大利邮政百周年纪念日的商业招贴，在经济与社会效益上都获得了极大成功。第一次世界大战时期的意大利士兵，在冰天雪地的战场上，仍能收到家人的来信，读着信，就仿佛家人陪在身边一般。感人至深的画面既展示了意大利邮政一直以来的服务，又令人们产生远离战争、珍惜和平的共鸣。

案例赏析： 如图3-51，在这组Daniel Gagnon速读课程的商业招贴中，马上被鳄鱼吃掉的人现学如何自救；已经跳下飞机的人现学如何跳伞；面对冲过来的斗牛，斗牛士现学如何斗牛。夸张的表现手法，幽默地切中了速读课程的主题。

图 3-50 商业招贴《你从不孤独》

图 3-51 商业招贴《现学》

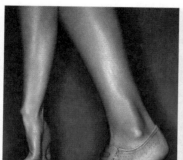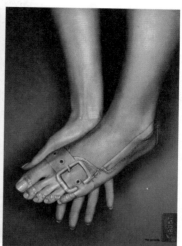

图 3-52　商业招贴《完美合脚》

案例赏析： 如图 3-52，在这组 Gabor 女鞋的商业招贴中，图像的完美叠合，展现了鞋子的舒适性与性感设计，彰显了品牌魅力。

案例赏析： 如图 3-53，在这组 Patsany 发型工作室的商业招贴中，无数灭火器具对准模特，寓意"新发型让你看起来太火辣了（You are so hot）"。配合主题，画面色彩被设计得绚丽、青春、张扬。

图 3-53　商业招贴《火辣！火辣！火辣！》

七、视错觉

视错觉图形能给受众一种超乎寻常的视觉刺激，独具个性的视觉效果，可以引发新的趣味点，赋予画面更多内涵（如图3-54至图3-58）。

图3-54 商业招贴《下载，下单，享受》

图3-55 商业招贴《浓密如发》

案例赏析： 如图3-54，这组麦当劳App的商业招贴，通过印有快餐图片的手机壳制造错视觉，好似快餐拿在手上一般，以此表现下载App进行网上下单的便捷和麦乐送的快速。

图 3-56　商业招贴《横扫饥饿，做回自己》

图 3-57　商业招贴《适合任何发质》

案例赏析： 如图 3-55，这组 Mandevu 胡须护理霜的商业招贴，荣获 2017 年戛纳国际创意节印刷与出版类铜奖。它通过头发与胡须的超现实倒置，夸张地展现了产品卖点。

案例赏析： 如图 3-56，这组士力架的商业招贴，通过人物面部彩绘制造错视觉，幽默地切中了主题。

案例赏析： 如图 3-57，这组卡尼尔洗发水的商业招贴，荣获 2013 年戛纳国际创意节平面类银奖。抱在一起的男女人物形成错视觉图形，女性的头发乍看上去好像男性的长胡须，由此切中"男女通用、适合一切发质"的产品卖点。极具趣味性的画面，增强了受众对产品的印象。

案例赏析： 如图 3-58，在这幅关于酒驾的公益招贴中，两个人物正侧面组成的错视觉图形，深刻反映了酒驾害人害己的主题。

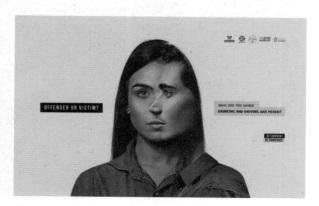

图 3-58　商业招贴《车祸发生时，你是加害者，还是受害者》

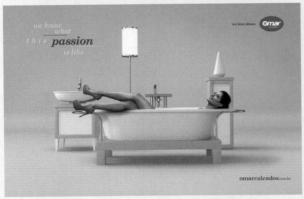

实践训练

根据本章介绍的构形手法，选择一种或几种，设计若干组图形，尺寸自定。参考案例如图 3-59 至图 3-68。

图 3-59　商业招贴《舒适到不想脱》

案例赏析： 如图 3-59，在这组 Omar Calcados 女鞋的商业招贴中，女孩们在床上和泡澡时都不肯脱掉鞋子，夸张地展现了鞋子的舒适性。弥漫整个画面的马卡龙色清新亮丽，令小女生们毫无抵抗力。

案例赏析： 如图 3-60，这组萨纳萨和坎皮纳斯市政交响乐团的商业招贴，将指挥棒和琴弓置换为水的特效，由此切中"对音乐如饥似渴"的主题。

图 3-60　商业招贴《对音乐如饥似渴》

图 3-61　商业招贴《所见非所真》

图 3-62　公益招贴《新的交流方式》

案例赏析：

无国界医生组织（MSF）是全球最大的独立人道医疗救援组织，致力于为受武装冲突、疫病和天灾影响，以及被排拒于医疗体系之外的人群提供人道主义医疗援助。如图3-64，这组该组织的公益招贴，获2019年D&AD平面与户外大奖提名。招贴采用水平对开构图法，以超现实的视幻手法切中该组织"坚守中立立场，不受国籍、种族、宗教、性别、政治等因素影响，只提供人道主义医疗援助"的原则。

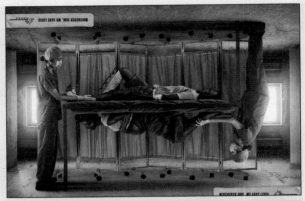

图 3-64　公益招贴《无论哪边看，他们都在救人》

图 3-63　公益招贴《命运共同体》

案例赏析： 如图 3-61，这组大众高尔夫汽车的商业招贴，采用肖似形的构形手法，通过罗马斗兽场与花坛的同构、埃菲尔铁塔与护栏墩的同构、比萨斜塔与垃圾桶的同构，巧妙宣传了后视摄像头更清晰、更真实、更多角度监控的卖点。

案例赏析： 手机、平板电脑等移动设备给我们的生活带来了巨大的改变，人们的交流方式与以往有较大差异，目前还很难说这种改变是好是坏。如图 3-62 所示的公益招贴，反映了移动设备带给人们的影响。图中隐去了手机、平板电脑的具体意象，既增强了代入感，又引发受众更深层的思考。

案例赏析： 如图 3-63，这组 WWF 公益招贴，荣获 2012 年 EPICA 平面设计银奖。它巧妙利用黑白对比与正负形，将鲸鱼、海狮、北极熊的形象与世界地图融为一体，切中"命运共同体"这一主题。

图 3-65　公益招贴《不要让洗涤变成杀戮》

案例赏析：

我们每一次洗涤衣服，合成纤维织物都会产生数百万塑料微纤维，它们被排入大海后，会对海洋生物构成威胁。因此，我们应尽量选择对环境危害小的服装面料，减少衣服的清洗频率，并选择低温洗涤。如图 3-65，这幅 Marevivo Italia 的公益招贴，将濒死的海豚与被拧的衣服同构，寓意不当洗涤对海洋生物的危害。

案例赏析： 如图 3-66，这组巴黎水（一种天然有气矿泉水）的商业招贴，视觉效果夸张热辣。物体热得都熔化了，人物渴求一瓶冰爽的巴黎水。

案例赏析： 如图 3-67，这组肯德基火辣鸡翅的商业招贴，荣获 2019 年戛纳国际创意节·工业制作银奖。它将火辣鸡翅与岩浆、喷火龙喷出的火、星际碰撞造成的爆炸火光、演唱会焰火等意象同构，切中"火辣"的主题，色彩对比强烈，视觉效果劲爆。

图 3-66　商业招贴《给我一瓶巴黎水》

图 3-68　公益招贴《这是一个给男人们看的广告》

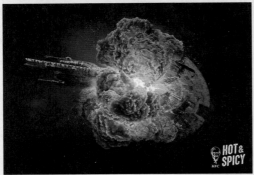

案例赏析：

即使在当今世界，公司的管理层中，绝大部分仍是男性。巴黎欧莱雅根据几组调查数据进行分析后发现，一家公司的管理层，如果女性比例能被提高到30%，那么这家公司的利润率会上升15%。

如图 3-68，这幅巴黎欧莱雅推出的公益招贴，利用柱状数据图与口红的肖似形，反映了上述数据。画面的色彩搭配鲜艳醒目，视觉刺激感强，发挥了吸引与警醒受众的作用。创意、配色与主题结合得天衣无缝。

图 3-67　商业招贴《火辣！火辣！火辣！》

4

图形创意的
设计思维

教学目标

1.通过恰当的案例展示，使学生准确把握图形创意的多种设计思维，并灵活运用于设计实践中。

2.通过案例的分析，拓展学生的视野。

教学关键词

水平思维 垂直思维 发散思维

扫码看课件　　　　扫码看短视频

生活的奥秘存在于艺术之中。

—— 王尔德

图形创意的设计思维主要分为三种，即水平思维、垂直思维和发散思维。在进行设计实践时，我们可以运用多种思维，尝试多种结果，从而得出最优选择。

第一节　水平思维

水平思维在《牛津英文大辞典》中的解释是："以非正统的方式或非逻辑性的方式来寻求解决问题的办法。"简单来说就是"寻求看待事物的不同方法和不同路径"。放到图形创意的设计实践上，我们可以理解为转换视角、另辟蹊径。

我们通过一个故事来进一步解释图形创意设计中的水平思维。在一次烤全鸡的广告大赛上，眼看截止日期就要到了，众多对手的作品都已完成，烤

图 4-1　商业招贴《招聘学生兼职，无需经验》

全鸡的外形被制作得堪称完美。而设计师C没有急于完成作品，而是进行了另一番思考：即使他制作的烤全鸡外形也很完美，但无法保证在众多作品中脱颖而出；假如制作得稍有欠缺，那就意味着淘汰。既然如此，那索性不直观展示烤全鸡的外形了。最终，设计师C的作品只展示了空空的盘子，以及盘中光彩熠熠的油，广告语是简洁醒目的三个字——卖光了。凭借独具匠心的创意，设计师C一举摘得了桂冠。

这就是水平思维，它能帮助我们拆掉思维里的墙。在图形创意设计实践中，我们可以采用打破常规（如图4-1至图4-2）、视角转换（如图4-3至图4-5）、对立转换等。其中，对立转换又可从远近、动静、快慢、大小、多少、正反、老幼、强弱、美丑等对立概念切入（如图4-6至图4-11）。

图4-3　公益招贴《水污染不亚于一场核爆炸》

案例赏析：如图4-1，在这组麦当劳的招聘招贴中，薯条被装在麦旋风的包装中，冰淇淋被装在汉堡包的包装中，而汉堡包则被装在薯条的包装中。设计师以突破常规的表现手法，幽默地切中了"招聘学生兼职，无需经验"的主题，同时凸显了麦当劳的独特理念与个性。

图4-2　商业招贴《童年时的读书方式》

图4-4 公益招贴《我们的错误，它们的权利》

图4-5 商业招贴《逆时间修复》

案例赏析：有人说，每个人心中都住着童年的自己。如图4-2，在这组企鹅听书App的商业招贴中，中年人躺在儿童床上，或依偎在母亲身边，年迈的父母温柔地念着书，时光仿佛倒流回从前。打破常规的创意思维，结合温馨而怀旧的画面，最能引发在生活中负重前行的中年用户的情感共鸣与情感释放。

图 4-6　公益招贴《到底谁才是野兽》

图 4-7　商业招贴《近在眼前》

案例赏析： 如图 4-3，在这幅 WWF 公益招贴中，杯中的墨寓意水污染。如果将画面倒过来看，会发现墨的形状非常像核爆炸时的蘑菇云。精彩的创意，深刻切中了主题。

案例赏析： 如图 4-4，这组善待动物组织的公益招贴，通过角色互换和视角转换的表现手法，让受众对动物所遭受的痛苦能有更感同身受的体会。

案例赏析： 如图 4-5，这组欧莱雅光学嫩肤面膜晚霜的商业招贴，荣获 2013 年戛纳国际创意节户外广告类金奖、2014 年金铅笔广告奖优秀奖等奖项。化妆品招贴的画面，通常是模特与产品的组合，其中模特是视觉的主导。该组招贴采用了画面上下颠倒的表现手法，模特实际处于倒立状态，由此切中"逆时间修复"的产品卖点。

案例赏析： 如图 4-6，这幅善待动物组织的公益招贴，采用了美丑对立转换，创作灵感源于《美女与野兽》，广告语为："到底谁才是野兽？不要再消费皮草！"

案例赏析： 如图 4-7，这组奥林巴斯望远镜的商业招贴，采用了远近对立转换，以夸张的手法凸显了看得超远、看得超清的产品性能。

案例赏析： 如图 4-8，这组奥林巴斯 E620 相机的商业招贴，采用了动静对立转换，以夸张的手法凸显了超强抓拍的产品性能。

案例赏析： 如图 4-9，这组善待动物组织的公益招贴，采用了强弱对立转换，原本温驯的牛羊变得像食肉动物一般凶残，捕食鹦鹉、豹子、河豚，由此揭示了深层内容：人们不断扩大草场面积来饲养牛羊，以满足日益增长的肉食需求，在利益的驱使下，亚马逊雨林被改造为牧场，雨林中的动物们因此失去了家园，遭到间接屠戮——食肉引发的杀戮，超乎我们的意料！

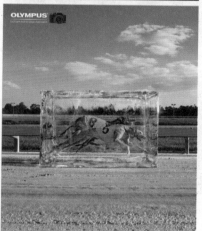

图 4-9 公益招贴《因食肉引发的更多杀戮》

图 4-8 商业招贴《冰冻精彩瞬间》

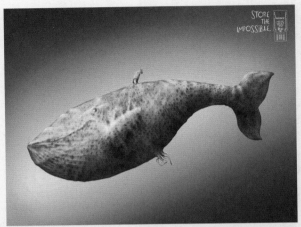

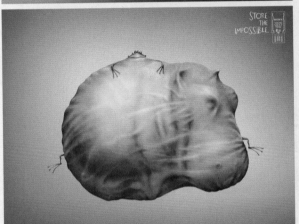

图 4-11 商业招贴《哈雷读书会》

图 4-10 商业招贴《以小载大》

案例赏析: 如图 4-10,这组索尼 U 盘的商业招贴,采用了大小对立转换:青蛙可以吞下河马,章鱼可以吞下巨鲸,老鼠可以吞下大象。夸张的设计,恰当而幽默地暗示了体积小、容量大的产品特点。

案例赏析: 如图 4-11,在这组哈雷机车读书俱乐部的商业招贴中,哈雷党们犹如贵妇般斯文地坐在桌旁,勾着兰花指,品着下午茶,安静地读着书;印着古典花纹的骨瓷茶杯上,融入了骷髅图案。这种粗犷与文雅、古典风与哈雷风的对立与融合,令受众忍俊不禁。

图 4-12　商业招贴《真如其境》

第二节　垂直思维

　　垂直思维，又被称为逻辑思考法或收敛性思维，是指用逻辑的、传统的思维方法来解决问题的思维方法，它是与水平思维相对的。

　　垂直思维顺乎人的本能，重视高度逻辑性与可能性，而人在面对问题时，往往会被可能性最高的解释吸引住，并沿其思路继续发展。因此，在进行图形创作时，我们要注意画面与思想内涵的逻辑性与内在联系，并加强作品的互动性，力求将想传达的信息或情感如剥洋葱般层层深入地被受众解读出来（如图 4-12 至图 4-18）。

图 4-13　公益招贴《自我改变：越健康，越美丽》

图 4-14　商业招贴《免下车，我更快》

图 4-15　公益招贴《阳光下最美的你》

案例赏析： 如图 4-12，这组索尼 BRAVIA 超大屏液晶电视的商业招贴，以半夸张的方式，凸显了产品还原真实色彩的卓越性能。

案例赏析： 如图 4-13，这组 Al Nahdi 药店推出的公益招贴，采用虚实对比的表现手法，啃着汉堡包等垃圾食品的卡通胖女孩为虚，苗条、活力四射的真实女孩为实。这种视觉上的对比，以及对美丽模特的突出强调，自然会引发受众拒绝不健康食品、运动瘦身的欲望。

案例赏析： 如图 4-14，这组肯德基推出的"免下车送外卖"服务的商业招贴，直观展现了由窗户传递外卖的便捷服务。这样做，双方都很方便，配送效率大大提高，而且新奇有趣，便捷、独特、贴心的品牌服务特性由此被挖掘出来。

图 4-17　公益招贴《所剩无几》

图 4-16　商业招贴《始于色彩，终于品质》

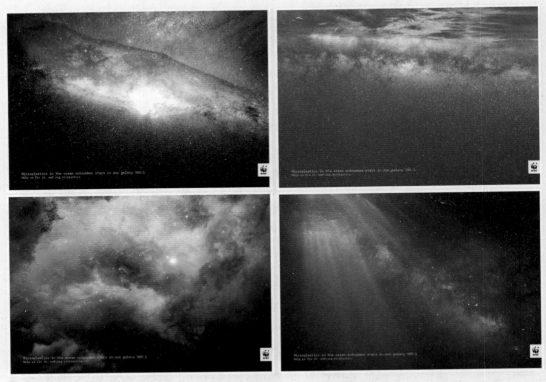

图 4-18 公益招贴《塑料繁星》

案例赏析： 如图 4-15，这组 Feline 的公益招贴招募了很多模特，她们来自各行各业，是医生、律师、教师、模特等，因为本书篇幅关系，我们只展示了其中两位。她们的脸庞和身材或许不符合追求精致与苗条的主流审美，但她们拥有独立与自信的灵魂，在各自从事的工作中成就了最优秀的自己，敢于无视来自单一审美标准的嘲笑，大胆地在阳光下秀出最美的自己！

案例赏析： 如图 4-16，这组 Hatsu 系列零食的商业招贴，目标人群是年轻一族。针对这一人群普遍奉行"颜值即正义"的购买理念，设计师根据其马卡龙色的产品包装袋，设计了这组色彩醒目酷炫的招贴。

案例赏析： 如图 4-17，这组国际特赦组织的公益招贴，将钴矿矿工真实的劳作场景触目惊心地展现于受众眼前。钴是制作电动汽车电池的重要材料，你的电池没电了，可以轻松充电，但刚果的 15 万名钴矿矿工的生命只有一次，他们的生命能量已经所剩无几。

案例赏析： 如图 4-18，这组 WWF 公益招贴，初看时，你是不是以为这是浩渺宇宙中的繁星？实际上，这是海洋中的微塑料！它们已经多如繁星！看似美丽的画面，是否令你细思极恐？

图4-19 商业招贴《更多珍贵的景致》

第三节　发散思维

　　发散思维又被称为辐射思维、放射思维、扩散思维或求异思维，是指大脑在思维时呈现的一种扩散状态的思维模式，其主要功能是为随后的收敛思维提供尽可能多的解题方案。它表现为思维视野广阔，思维呈现出多维发散状，如"一题多解""一事多写""一物多用"等方式。不少心理学家认为，发散思维是创造性思维的最主要的特点，是测定创造力的主要标志之一。

　　具体到图形创意的设计实践上，我们可以先将要表现的主题写出来，然后尽可能多地将与之关联的关键词列出来，并由此描述出一个故事，最终列出与之相匹配的构图、字体、色彩等方面的设计。这样，你的灵感会像触动了多米诺骨牌一般，一连串地被激发出来，设计思路由此逐渐清晰起来。例如我们想表现汽车的"全景摄影安全系统"，我们可以列出"更多角度""更多监控"，并由此展开思路（如图4-21至图4-22）。

　　发散思维给了创意无限的发展空间，本无直接联系的事物都可在巧妙的组合中建立新的意义与情感（如图4-19至图4-28）。设计时，思维不设限！

图4-20　商业招贴《出现皱纹了？》

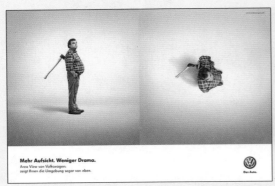

图 4-21　商业招贴《更多监控，更少迷惑》

图 4-22　商业招贴《更多慧眼，更多安全》

图 4-23　公益招贴《收养一只宠物，就好像请了一位心理疗愈师》

图 4-24　商业招贴《享受传统，回归经典》

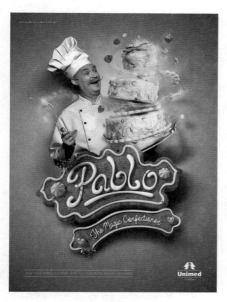

图 4-25　商业招贴《将保险变成一份礼物》

案例赏析： 如图 4-19，这组 Jeep 越野车的商业招贴，没有出现任何车的身影。通过表现生活在荒漠中的响尾蛇、雪原上的狼、高山森林中的棕熊的画面，令人联想到这些人迹罕至的地带，由此反映出越野车的超强适应性与卓越性能。

案例赏析： 吃柠檬时，我们经常被酸得皱脸，面部会产生皱纹，这是我们都比较熟悉的生活经验。如图 4-20，这组欧舒丹抗皱面霜的商业招贴，没有采用千篇一律的模特展示无暇肌肤的表现手法，而是通过大家都熟悉的生活经验发挥了创意，切中广告语："如果你的面部出现皱纹，解决方案就是欧舒丹抗皱面霜！"极简的图形、醒目的配色、精彩的创意，加深了受众脑海中的产品印象。

案例赏析： 如图 4-21，这组大众汽车的商业招贴，没有出现汽车的具象图形，它以对比式构图和幽默的手法，另辟蹊径，诠释了 360 度全景行车辅助系统（可鸟瞰）的技术卖点：左边是乍一看很惊悚的画面，右边是监控鸟瞰后获得解答的画面。画面解读层层深入，互动性强。

案例赏析： 如图 4-22，这组雷克萨斯汽车的商业招贴，主要宣传卖点是全景摄影安全系统。为了表现"更多角度"，画面采用了视错觉的表现手法，将人物的正面半边脸和侧脸相结合，并采用了高冷的配色方案，营造出警醒感。

案例赏析： 如图 4-23，这组 Petz 宠物网络商店推出的公益招贴，倡导人们"以领养代替购买"。与人们照顾宠物的惯常画面不同的是，设计师将宠物与心理疗愈师的意念同构，由此表现了宠物为我们带来的陪伴与慰藉。

案例赏析： 如图 4-24，这幅 Khamovniki 啤酒的商业招贴，倡导人们放下手机，享受面对面喝啤酒相聚的快乐。为配合"享受传统，回归经典"的主题，设计师令 19 世纪时的人物拿着手机约见面，画面既充满了浓郁的古典气息，又暗含点点妙趣。

案例赏析： 如图 4-25，这组 Unimed Curitiba 保险公司的商业招贴，将企业员工保险与生日蛋糕这两种本不相关的事物联系在一起，切中"购买明星保险，留住你的明星职员"的广告语。画面色彩温馨欢快。

案例赏析： 如图 4-26，在这组 Fitness Time 健身俱乐部推出的"打卡一年，赠票一张"活动的商业招贴中，健身项目与旅游项目被巧妙地结合在一起。画面通过色彩对比，引导受众关注设计师希望突出的部分。

图 4-26　商业招贴《要去实现，不要仅仅是幻想》

图 4-27　公益招贴《命案现场》

图 4-28　商业招贴《猫咪的奢华大餐》

案例赏析： 如图 4-27，这组 BariQ 公司推出的公益招贴，将塑料对野生动物的危害同命案现场的意念进行了同构，我们日常丢弃的牙刷、矿泉水瓶、玩具等塑料垃圾就是凶器。如果我们不停止无休止的塑料污染，终有一天，人类会把自己画入命案现场的白圈中。

案例赏析： 如图 4-28，比起展示猫咪多么喜欢吃或罗列真材实料的惯常手法，这组 Sheba 猫粮的商业招贴所呈现的视觉盛宴，是不是更吸引人、令人过目不忘？

实践训练

1. 为汽车设计创意图形，尽量不出现汽车的具象图形。参考案例如图 4-29 至图 4-32。

2. 以"进化"为主题，设计创意图形，立意自拟。参考案例如图 4-33 至图 4-35。

图 4-30　商业招贴《关上门，冒险开始》

图 4-29　商业招贴《连接冒险》

案例赏析： 如图 4-29，这组 Jeep 越野车的商业招贴，将岩地上的湖泊、雪山上的白雪、沙漠中的绿植与信号连接的意念同构，以开阔粗犷的画面，反映了产品的卓越性能。

案例赏析： 如图 4-30，这组大众汽车的商业招贴，视角运用可谓极具匠心。受众视觉首先集中于坐在车中驾驶时看到的车外场景，刺激的画面瞬间牢牢吸引住他们；车内后视镜又照出车库大门的画面。前后、虚实、动静视角结合的表现手法，精彩地切中了"关上门，冒险开始"的主题。

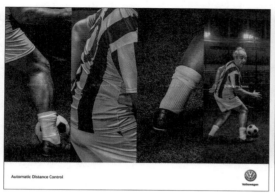

图4-31 商业招贴《保持距离》

案例赏析：

（左）他踢我—他肘击我—他踩我—他是我的老板。

（右）她很聪明—她很风趣—她很性感—她是我兄弟的女朋友。

如图4-31，这组大众汽车自动距离控制系统的商业招贴，采用均分型构图，配合精彩的文案，层层推进，在马上靠近时又戛然而止，幽默展现了技术卖点。

案例赏析： 如图4-32，这幅大众汽车的商业招贴，以寓意的方式幽默地诠释了第二代电子泊车辅助系统的技术卖点。

图4-32 商业招贴《精准泊车》

图4-33 商业招贴《进化：未来，由你决定》

案例赏析：如图4-33，在这组 ZICA 动漫工作室的商业招贴中，狮子最终进化为动漫中的狮子王、人进化为动漫中的超人。萌萌的、妙趣的画面，完美地配合了广告语："加入 ZICA，做自己的造物主，未来由你决定！"

案例赏析：如图4-34，这组 WWF 公益招贴，展现了龟、虎、象的进化过程。数百万年的进化，最终结果竟是满足人类私欲的龟汤、皮草服饰与象牙装饰，令人产生悲凉之感。

案例赏析：如图4-35，这组 Del Mar 医学 SPA 的商业招贴，以幽默的手法，寓意 SPA 带来的惊人改变。

图 4-34　公益招贴《进化：结局》

图 4-35　商业招贴《进化：蜕变》

图形创意的表现形式

教学目标

1.通过恰当的案例展示,使学生准确把握图形创意的多种表现形式,并灵活运用于设计实践中。

2.通过案例的分析,拓展学生的视野。

教学关键词

风格化 过程化 夸张化 拟人化 象征化

扫码看课件　　　　扫码看短视频

艺术并不超越大自然，不过会使大自然更美化。
——塞万提斯

图形创意的表现形式主要分为五种，即风格化、过程化、夸张化、拟人化、象征化。除了在画面中运用上述表现手法，结合不同的介质、载体与发布环境，可以收获意想不到的效果。

一、风格化

　　在图形创意中，对某种艺术造型风格和特点进行模仿和再创作，可以起到强化主题、彰显个性、增加对特定受众群吸引力的作用（如图 5-1 至图 5-14）。

　　此外，图形创意还可因表现工具（例如铅笔、水彩笔、油画笔、蜡笔、毛笔等）的不同而呈现出不同的形式美感（如图 5-12 至图 5-13）。即使是相同或相近的图形，也会因表现工具的不同而呈现极大的差异性。画面的表现手法、形式与主题有着内在的吻合性，需要据此做出恰当选择，以达到形式与内容的高度统一。

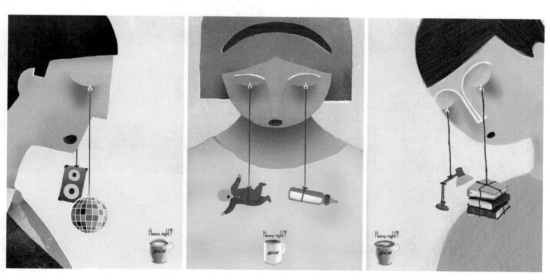

图 5-1　商业招贴《难熬的夜，来杯咖啡吧》

图 5-2　商业招贴《中国香港芭蕾舞团》

图 5-3　商业招贴《阁楼艺术咖啡馆》

图 5-4　商业招贴《嘘》

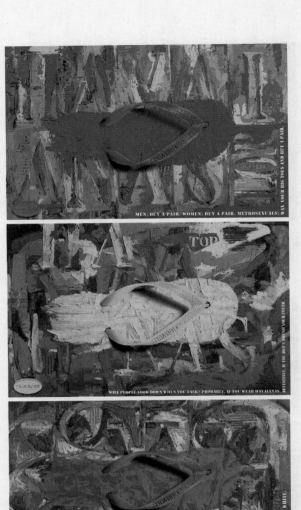

图 5-5　商业招贴《酷夏》

图 5-6　商业招贴《苹果维修服务》

图 5-7　商业招贴《存住水分及营养》

图 5-9　商业招贴《历史》

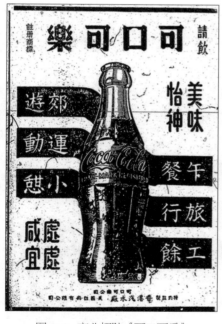

图 5-8　商业招贴《可口可乐》

图 5-10 商业招贴《故事无限多，书中的空间无限大》

案例赏析：如图 5-1，这组麦当劳咖啡的商业招贴，采用了贴布画的表现形式，画面温馨可爱。

案例赏析：如图 5-2，这组中国香港芭蕾舞团的商业招贴，展现了满满的中国风。

案例赏析：如图 5-3，这组阁楼艺术咖啡馆的商业招贴，对梵高名画《向日葵》和爱德华·蒙克名画《呐喊》做了大胆的修改：盛开的向日葵凋谢了；原本在呐喊的人捂住了嘴巴，表情由惊恐变为了惊叹。该咖啡馆的独特气质由此彰显。

图 5-11 商业招贴《文化改变你》

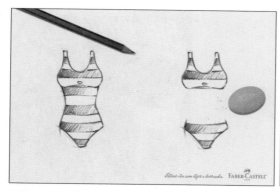

图 5-12 商业招贴《灵感·创意》

案例赏析：如图 5-4，这组 360 N6 Pro 手机的商业招贴，为 2018 年戛纳国际创意节获奖作品，画面对细节的雕琢非常到位，展现出超强降噪、超清晰通话的卖点

案例赏析：如图 5-5，这组哈瓦那人字拖的商业招贴，用厚重的油画染料缔造了丰富绚烂的画面效果，切中了"酷夏"的主题。

图 5-13 公益招贴《贡献一份力量，你能帮助他们》

案例赏析：如图 5-6，这组苹果电子产品维修服务的商业招贴，对品牌标志中的苹果造型进行了再创作，从苹果中钻出的虫子与被咬的缺口，象征产品的损坏，幽默地宣传了苹果公司提供的维修服务。

案例赏析：如图 5-7，这幅松下冰箱的商业招贴，利用菜叶外形与浮世绘中的海浪外形的相似性，展现了极致保鲜的产品卖点。

案例赏析：如图 5-8，这幅可口可乐的商业招贴，采用老式海报的设计风格，展现了经典怀旧的感觉。

案例赏析：如图 5-9，这组名爵跑车的商业招贴，以纪念牌的形式表现了名爵跑车发展历程中的里程碑画面，由此建立起历史悠久与技术不断创新相交织的品牌形象。

案例赏析：LeYa 是一家电子书网站，图 5-10 所示的是该网站在新冠肺炎疫情期间推出的商业招贴。窗外的画面，被设计为《唐吉坷德》《爱丽丝梦游仙境》《小王子》的故事画面，寓意"长时间居家也不会感到不自由，书中的故事无限多，书中的空间无限大"。

案例赏析：如图 5-11，这组马德里社区青年卡的商业招贴，卖点是"为年轻一族提供最佳的文化服务与数百种折扣福利"。传统的折扣促销画面，往往是商品与促销广告语的堆砌，容易显得廉价杂乱。而设计师针对年轻受众的审美品位与对个性的追求，将画面设计成杂志封面的形式。

案例赏析：如图 5-12，这组辉柏嘉文具的商业招贴，运用简洁灵动的铅笔画，幽默地表现了灵感闪现时的创意过程。

案例赏析：如图 5-13，不同于图 5-12 的灵动感，这组关注儿童生存与成长问题的公益招贴，通过铅笔的质感，渲染了凝重气氛，表现了没有机会接受教育、忍受饥饿、家庭暴力等问题，画面感染力极强。

案例赏析：Britain's Beer Alliance 啤酒馆的特色服务之一，是提供与啤酒相配的美食。如图 5-14，这组该啤酒馆的商业招贴，采用欧美手绘卡通插画的风格，将象征美食的猪、羊、三文鱼拟人化。画面既热烈欢快，又给人一种怀旧之感，令人想起与朋友欢聚的美好时光。

图 5-14　商业招贴《啤酒联盟》

图 5-15 商业招贴《每一步，都在向更好的你迈进》

二、过程化

图形创意的表现形式中的过程化，一般是将人物或事物的发展变化过程通过艺术化的视觉效果表现出来。这种表现形式富有动感、韵律感或推理感，但要协调好变化与统一，不然画面容易显得杂乱（如图 5-15 至图 5-20）。

图 5-16 公益招贴《家暴会遗传》

案例赏析：如图 5-15，这组 FGP 健身俱乐部的商业招贴，艺术化的画面切中了广告语："每一步，都在向更好的你迈进。"

图 5-17 公益招贴《不要让交通堵塞改变你》

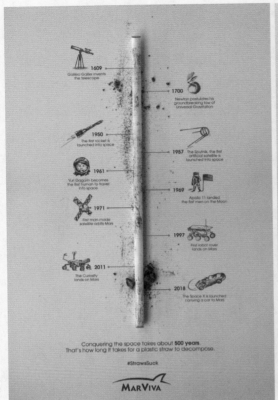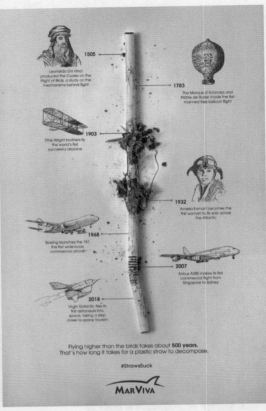

图 5-18　公益招贴《吸管》

图 5-19　商业招贴《尽在此刻》

图 5-20 公益招贴《匆忙一秒，后悔一生》

案例赏析：如图 5-16，这组妇女与家庭 SOS 组织的公益招贴，以家谱的形式反映了"家暴会遗传"的主题。

案例赏析：如图 5-17，这组 Detran RN 推出的公益招贴，旨在提醒受众路怒症的危害。画面幽默展现了情绪爆发的过程，善意地请受众做出自省。

案例赏析：塑料降解需要大约 400 年的时间。如图 5-18，这组 Marviva 推出的公益招贴，将一根短短的吸管降解所需的 400 年中人类在飞行与宇宙探索中的发展历程表现出来，引发受众更深层思考。

案例赏析：如图 5-19，这组奥林巴斯相机的商业招贴，通过人物多种表情的组合，反映了相机的卓越性能。

案例赏析：如图 5-20，这组以道路安全为主题的公益招贴，将对比式构图与过程化的表现手法完美结合。发布到高速公路路边广告牌上，更具警醒效果。

三、夸张化

图形创意中的夸张，就是将想传达的信息或情感，或某种事物的某些特质放大或缩小，以强化其在受众脑海中的印象（如图5-21至图5-25）。运用这一表现手法时，要注意以下几点。

首先，被夸张的部分必须要有生活依据，合乎情理，以客观事实为基础。

其次，夸张要做得充分而恰到好处，不能介于夸张与真实之间，使得受众还要去琢磨，这到底是夸张还是事实，这样就起不到夸张的效果。

最后，夸张要勇于创新，不落窠臼。

图5-21 商业招贴《青春永驻》

案例赏析： 如图5-21，在这幅卡尼尔深度抗皱护理霜的商业招贴中，床上躺着的明明是一个少女，但床头的假牙泄露了玄机——这是一位老太太，由此幽默地反映了深度抗皱的产品卖点。

案例赏析： 如图5-22，这组Tefal榨汁机的商业招贴，荣获2013年戛纳国际创意节铜奖。它以简单而劲爆的画面，切中"强悍性能，顷刻爆'榨'"的产品卖点，视觉效果震撼，令人过目不忘。

图5-22 商业招贴《爆"榨"》

图 5-23　商业招贴《不惧污渍》

案例赏析： 如图 5-23，在这组 Mintax Matik 洗衣液的商业招贴中，人物将衣服和领带当成食品包装纸，夸张地切中了"不惧污渍"的主题。

案例赏析： 如图 5-24，在这幅斯柯达汽车的商业招贴中，原本拉雪橇的驯鹿都坐在车中，寓意斯柯达汽车的超强性能与环境适应性，画面可爱感十足。

案例赏析： 如图 5-25，在这组 Wusthof 刀具的商业招贴中，食物被切得近乎透明一般的薄，夸张地表现出刀具的惊人品质。

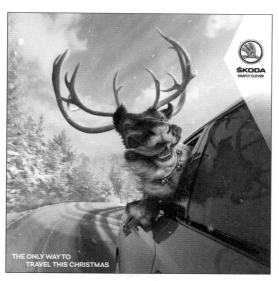

图 5-24　商业招贴《今年过节不用鹿，旅行只用斯柯达》

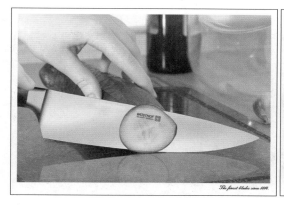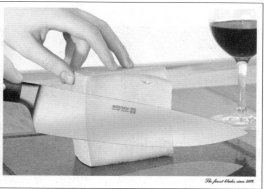

图 5-25　商业招贴《薄如蝉翼》

四、拟人化

和写作中的拟人化一样，图形创意中的拟人也是赋予动物或事物人的情感，画面一般呈现灵动、温馨、可爱的效果（如图 5-26 至图 5-33）。

图 5-26　商业招贴《不是所有的动物都冬眠》

案例赏析：如图 5-26，这组莫斯科动物园的商业招贴，让不冬眠的动物们在冬眠中的熊的身上合影，画面超萌。

案例赏析：如图 5-27，这组绿色和平组织的公益招贴，荣获 2018 年戛纳国际创意节户外广告类铜奖等众多大奖。看似可爱、实则令人心酸的画面引发受众的深入思考：我们到底对生态做了什么，才令动物们不忍直视？

图 5-27　公益招贴《不忍直视》

案例赏析：如图 5-28，在这组 Bratislava 动物园的商业招贴中，动物们引导人们放开自己的笑，画面温馨可爱。

图 5-28　商业招贴《放开你的笑》

案例赏析： 如图 5-29，在这幅美的空气炸锅的商业招贴中，一头猪正在享受减脂桑拿。设计师以拟人化与象征化的表现手法，切中了"相对传统的油炸方式，油脂减少 80%"的广告语。

图 5-29　商业招贴《减掉油脂》

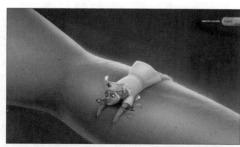

图 5-30　商业招贴《专业护理》

图 5-31　商业招贴《放开我的餐具》

案例赏析： 如图 5-31，这组 Sunlight 洗涤灵的商业招贴，荣获 2013 年戛纳广告节平面类金奖。它以拟人化的羊、牛、猪来象征重油渍，展现了超强去油污的产品卖点。

案例赏析： 如图 5-30，这组 B-good 创可贴的商业招贴，将创可贴拟人化为医生和护士，寓意仿佛有专业的医护人员看护你的伤口一般。

案例赏析： 如图 5-32，这组 Le Silpo Delicacy Grocery Store 超市的招聘招贴，采用拟人化的动物形象，可爱软萌得瞬间俘获人心。广告语是："我们在寻找像小猫一样温柔的售货员、像小兔一样可爱的收银员、像小熊一样强壮的卸货员。"

案例赏析： 如图 5-33，这组 Sour Lemon 柠檬糖的商业招贴，将被挤汁的柠檬拟人化为被酸得变扭曲的人脸，视觉感染力极强，引导受众去联想那股酸味。

图 5-32　商业招贴《欢迎你加入我们》

图 5-33　商业招贴《酸酸酸》

图 5-34　商业招贴《留住友情》

五、象征化

在图形创意中，象征化是指某种意象代表某种意念。意象与意念之间的联系要自然、贴切，这样才能诞生令人眼前一亮的创意设计（如图5-34 至图 5-38）。

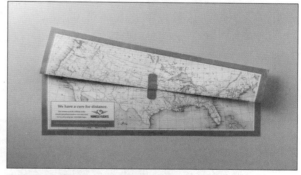

图 5-35　商业招贴《地球变小了》

案例赏析：如图 5-34，这组大众汽车区域温控技术的商业招贴，将拟人化与象征化的手法相融合：海狮、北极熊、企鹅象征"喜欢凉"，长颈鹿、骆驼、狐猴象征"喜欢温"，在车前排同坐的画面，幽默地展现了区域温控的技术卖点。

案例赏析：如图 5-35，在这组 Miracle Flights 航空公司的商业招贴中，地图被折叠起来，象征"地球变小了"，由此彰显了服务的快捷。

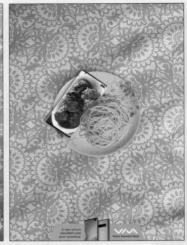

图 5-36 商业招贴《手机下饭》

案例赏析： 很多 Z 时代总是追求使用最新的智能手机，哪怕为此搞得自己穷得只能吃干饭，这太疯狂了。如图 5-36，在这组 VIVA 手机分期付款购买活动的商业招贴中，主食实物构成了"实"，手机中显示的肉蛋构成了"虚"，虚实结合寓意了主题，由此自然引出广告语："手机能下饭？购买新手机，不应影响你的正常生活。"由此引到分期付款购买活动上来。

图 5-37 商业招贴《生死循环》

图 5-38 公益招贴《我不是动物》

实践训练

针对风格化、过程化、夸张化、拟人化、象征化这五种图形创意中的表现形式，各设计一组作品。立意与尺寸自定。参考案例如图 5-39 至图 5-48。

图 5-39 商业招贴《瓜亚基尔市》

案例赏析： Nat Geo Wild 是国外一档类似《动物世界》的节目。如图 5-37，在这组该节目的商业招贴中，设计师通过环形对比式构图，展现了被艺术化的猎杀场面，寓意"生与死是一场循环，一个生命的死亡意味着另一个生命的延续"。

案例赏析： 如图 5-38，在这幅"向性骚扰说不"的公益招贴中，动物之间的亲昵行为被用来象征性骚扰行为，切中"我不是动物（不能随意发情）"的主题。

案例赏析： 瓜亚基尔市是厄瓜多尔的第一大城市。如图 5-39，这组瓜亚基尔市城市旅游的宣传招贴，色彩绚烂，视觉效果抢眼，充满了浓郁的南美风情。

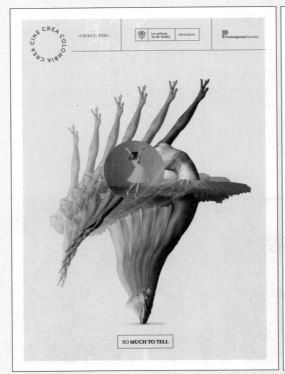

图 5-40　商业招贴《有太多故事要讲》

图 5-41　商业招贴《掌上餐盘》

图5-42 公益招贴《做什么工作,都比作为一个旅游景点要好》

案例赏析: 如图5-40,这组哥伦比亚广播公司创建周年纪念日的商业招贴,将人物动作的过程化与圆心中的儿童形象相结合,寓意公司的成长。

案例赏析: 如图5-41,这组麦当劳App的商业招贴,将快餐夸张地缩小到用手机可以当餐盘盛放的地步,由此切中手机下单的服务卖点。

案例赏析: 如图5-42,在这组Pro-Wildlife的公益招贴中,大象蜷缩在小小的电动车上,在风雨中送外卖;本是百兽之王的老虎,任劳任怨地做着清洁工作。这种幽默而又令人心酸的表现手法,深刻地切中了主旨:呼吁大家游玩时不要和那些被当成景点的动物合影,没有买卖就没有监禁和虐待。

案例赏析: 如图5-43,在这幅Tele2电信公司的商业招贴中,猫咪象征小微企业,而狮子头套寓意变强大,由此幽默地切中"通过提供不同的业务服务,帮助小微企业更有效地开展工作"的服务卖点。

图5-43 商业招贴《小雄狮》

图 5-44　商业招贴《不同追求，皆可满足》

案例赏析：如图 5-44，在这组 Kuba 耳机的商业招贴中，不同人物象征了不同的音乐风格，以此反映耳机的高音和重低音可调节的产品卖点。人物聆听音乐时的享受表情，寓意"各种风格追求，皆可满足"的主题。

图 5-45　商业招贴《初次见面，鞋就是你的名片》

图 5-46　商业招贴《让你不再盲目购物》

案例赏析：如图 5-45，这组 KIWI 鞋履护理的商业招贴，荣获 2018 年金铅笔广告奖金奖。初次见面的两个人相互鞠躬，其中一方夸张地鞠躬超过 90 度，直盯着对方的鞋子看，以此幽默的方式切中广告语："初次见面，鞋子就是你的名片。"

案例赏析：如图 5-46，这组 Savyolovsky Retail Centre 购物中心的商业招贴，创意极为精彩，运用到形的置换的构形手法与象征化的表现形式：男士以为自己网购的是打碟机，没想到是灶台和桌垫；女士以为自己网购的是鼠标和鼠标垫，没想到是一只活的宠物老鼠和奶酪。由此寓意了网购的盲目性，并触发受众"还是到购物中心实际体验着购买最保险"的情绪。

案例赏析：如图 5-47，这组 Ragnar 啤酒的商业招贴，模仿电视连续剧《权力游戏》的宣传海报风格，用麦穗组成了宝座，颇具王者之风。

案例赏析：如图 5-48，在这幅 BVC 教育的商业招贴中，一个和尚给一个搏击运动员做教练，幽默地切中"有才华的是你，不是你的老师——激发你自身的才华"的广告语。

图 5-47　商业招贴《啤酒游戏》

图 5-48　商业招贴《有才华的是你，不是你的老师》

参考文献

[1] 肖英隽. 图形创意 [M]. 北京：清华大学出版社，2013.

[2] 李颖. 图形创意设计与实战 [M]. 北京：清华大学出版社，2015.

[3] 董传超. 图形语言的创意与表现 [M]. 北京：清华大学出版社，2016.

[4] 秦汉帅. 图形创意 [M]. 北京：清华大学出版社，2018.

[5] 劳拉·里斯. 视觉锤 [M]. 北京：机械工业出版社，2013.

[6] 张文强. 品牌营销实战：新品牌打造＋营销方案制定＋自传播力塑造 [M]. 北京：清华大学出版社，2021.

[7] 陈根. 广告设计从入门到精通 [M]. 北京：化学工业出版社，2018.